普通高等教育"十三五"规划教材
工业设计专业规划教材

Rhino 三维建模基础教程

梁艳霞　编著

电子工业出版社
Publishing House of Electronics Industry
北京 · BEIJING

内 容 简 介

本书以计算机三维模型的创建为主线，较为全面系统地介绍了利用Rhino软件进行计算机三维建模的思路、方法和技巧。其主要内容包括概论、Rhino 6.0的基本操作、点线创建、点线编辑、曲面创建、曲面编辑、实体创建、实体编辑、网格建模、尺寸标注以及Rhino渲染。同时，本书还配有所有实例的建模源文件及背景图片，读者可通过华信教育资源网（www.hxedu.com.cn）免费注册申请。

本书可作为高等学校工业设计、产品设计、室内设计、环境设计等设计类专业的本专科教材，也可供设计类专业的研究生、从事设计的科技工作者及广大对Rhino软件有兴趣的读者参考使用。

图书在版编目（CIP）数据

Rhino三维建模基础教程 / 梁艳霞编著. —北京：电子工业出版社，2021.1
ISBN 978-7-121-40457-3

Ⅰ.①R… Ⅱ.①梁… Ⅲ.①产品设计－计算机辅助设计－应用软件－高等学校－教材 Ⅳ.①TB472-39

中国版本图书馆CIP数据核字（2021）第007919号

责任编辑：赵玉山
印　　刷：河北迅捷佳彩印刷有限公司
装　　订：河北迅捷佳彩印刷有限公司
出版发行：电子工业出版社
　　　　　北京市海淀区万寿路173信箱　　邮编：100036
开　　本：787×1092　1/16　印张：12　字数：307千字
版　　次：2021年1月第1版
印　　次：2022年9月第2次印刷
定　　价：69.00元

凡所购买电子工业出版社图书有缺损问题，请向购买书店调换。若书店售缺，请与本社发行部联系，联系及邮购电话：（010）88254888，88258888。

质量投诉请发邮件至zlts@phei.com.cn，盗版侵权举报请发邮件至dbqq@phei.com.cn。

本书咨询联系方式：（010）88254556，zhaoys@phei.com.cn。

前　言

　　作为一名新时代的优秀设计师，除需要具有独特的创意和精妙的构思之外，还需要具有将确定的设计方案淋漓尽致地展示出来的能力和水平。随着计算机技术的飞速发展，目前计算机三维建模软件也如同雨后春笋般涌现出来，Rhino 软件即是其中之一。

　　Rhino，全称为 Rhinoceros，中文名称为"犀牛"，是由美国 Robert McNeel & Associates 公司于 1998 年推出的一款基于 NURBS 的功能强大的三维建模软件。由于基于 NURBS 建模原理，因此 Rhino 软件具有非常强大的曲线曲面建模功能。同时，更由于其软件较小、价格亲民、与其他软件的兼容性好等特点，深受广大设计人员的喜爱，在业界得到了极为广泛的应用，很多高校设计类专业将其作为设计专业学生必须掌握的软件之一。

　　本书编者在十多年的高校教学实践中，见证了 Rhino 软件图书的发展历程，由最初的寥寥几本，到近几年的琳琅满目，其飞速发展也从侧面反映了该软件在国内普及的程度和应用的广度。目前市面上许多同类图书的编写和印刷质量都相当不错，但更多的图书侧重于高级建模，很难找到一本适合初学者的入门教材，因此编者结合自己的教学实践，动手编写了本教材。作为一本基础教程，本教材的立足点在于能够让零基础的高校学生，通过短短几十个课时的学习和实践，掌握 Rhino 软件的体系结构、建模思路。本书的编排特点如下。一是注重遵循软件的建模思路，Rhino 软件的建模思路是点—线—面—体，因此教材章节内容安排按此思路进行，先介绍点线的创建与编辑，然后是曲面的创建与编辑，最后是实体的创建与编辑，由易到难，层层递进，符合人们对事物的认知规律。二是注重内容的精练性，在内容选择上以 30~40 学时的教学时长为原则，选择软件最核心的建模技术和最常用的命令进行介绍，不求面面俱到，但求学以致用。三是注重理论与实践相结合，避免纯理论纯命令的枯燥介绍或纯实例演练，而是将重点命令介绍和实例演练充分结合，力争使读者在最短时间内掌握该软件，并且在部分重点章节还精心选择了与内容相应的实例作为课后作业，让学生巩固练习。

本书较为详尽地介绍了 Rhino 软件的建模及渲染功能。全书共 11 章，包含众多的命令操作练习和 13 个独立的综合实例。每个教学单元大致可分为理论概述、命令介绍和实例演练三个环节。理论概述为读者介绍教学单元中的相关理论知识；命令介绍为读者介绍教学单元中的重点命令，包括其功能和应用方法步骤；实例演练则通过精心设计和选择的操作实例，一步步地演练教学单元介绍过的重点命令，让读者通过具体练习掌握软件在实际建模中的应用。通过这种连贯和整合的教学方式，可以使读者快速进入学习状态，领会讲述内容，掌握操作方法，从而大大节省学习时间，提高学习效率。

本书各章主要内容如下：

第 1 章为概论，介绍了 Rhino 软件的发展历程及应用，重点介绍了 Rhino 6.0 的工作界面以及工作环境设置。

第 2 章介绍了 Rhino 6.0 的基本操作，主要包括选取对象、变换对象、复制对象、对齐对象、定位对象、设置 XYZ 坐标、群组和图层等内容。

第 3 章介绍了 Rhino 6.0 中的点线创建，主要包括点的创建、直线的创建、曲线的创建、圆的创建、椭圆的创建、圆弧的创建、矩形的创建、多边形的创建和文本物件的创建，并通过三个基本图形创建实例巩固本章所学知识。

第 4 章介绍了点线编辑，主要包括点的编辑、曲线编辑工具，并通过一个综合实例巩固本章所学知识。

第 5 章介绍了曲面创建，主要包括指定三或四个角建立曲面，以平面曲线建立曲面，从网线建立曲面，放样，以二、三或四个边缘曲线建立曲面，嵌面，矩形平面，挤出，单轨扫掠，双轨扫掠，旋转成形及从两条曲线建立可展开放样命令，最后通过两个综合实例巩固本章所学知识。

第 6 章介绍了曲面编辑，主要包括曲面圆角、曲面斜角、不等距曲面圆角 / 斜角、延伸曲面、混接曲面、偏移曲面 / 不等距偏移曲面、衔接曲面、连接曲面、对称、在两个曲面之间建立均分曲面、重建曲面及调整封闭曲面的接缝命令，最后通过三个综合实例巩固本章所学知识。

第 7 章介绍了实体创建，主要包括 13 种标准体的创建，以及 11 种通过挤出建立实体的命令，最后通过两个综合实例巩固本章所学知识。

第 8 章介绍了实体编辑，主要包括实体的布尔运算、自动建立实体、抽离曲面、将平面洞加盖、边缘圆角、线切割、面编辑、打开实体物体的控制点、移动边缘及洞命令，最后通过两个综合实例巩固本章所学知识。

第 9 章介绍了网格建模，主要包括网格概述、创建网格模型、网格编辑，以及网格面的导入与导出。

第 10 章介绍了尺寸标注，主要包括直线类尺寸标注、圆弧类尺寸标注、其他标注、注解样式，以及建立 2D 图面。

第 11 章介绍了 Rhino 渲染，主要包括渲染命令、设置渲染颜色、设置材质、设置灯光、设置环境及渲染。

本书课件、书中全部实例的源文件和所用的背景图片文件可登录华信教育资源网（www.hxedu.com.cn）注册后免费下载。

感谢周宁昌老师在本书编写过程中给予的大力支持。

由于作者水平有限，书中的错误与不妥之处在所难免，敬请读者批评、指正。您的意见或建议可通过邮件发至 745898591@qq.com，作者一定会给予答复。

作　者
2020 年 9 月

目　录

第 *3* 章

第 *4* 章

第5章

第6章

第7章

第8章

第9章

第11章

第10章

第 1 章

概论

1.1 Rhino 软件概述

Rhino，全称为 Rhinoceros，中文名称为"犀牛"，是由美国 Robert McNeel & Associates 公司于 1998 年推出的一款基于 NURBS 的功能强大的三维建模软件。Rhino 可以精确地制作出用于动画、工程图、分析评估以及工业生产的模型，因此被广泛地应用于工业设计、珠宝设计、交通工具设计、服饰设计和建筑设计等领域。

Rhino 软件具有以下特点：

（1）丰富的 3D 建模工具。包含大量实用的建模工具，可以快速地创建客户需要的三维模型。

（2）精确度高。可完全按照设计图，创建出精确的三维模型。

（3）兼容性好。可以与大量的图形设计软件进行交互。

（4）能优化大量 IGES 文档。可以读取和修补难以处理的 IGES 文档。

（5）硬件要求低。在普通的硬件设备上，可以流畅地运行 Rhino 软件。

此外，软件价格实惠，并且不需要额外的维护费用；操作简单，无须过多的专业技能，便可以轻松掌握。

正是 Rhino 软件具有的这些特点，使得其深受广大设计人员的喜爱。

1.2 Rhino 软件的工作界面

打开 Rhino 6.0 软件，将看到如图 1-1 所示的工作界面，它主要由文本命令操作窗口、图标命令面板以及中心区域的四个视图等构成。用户界面的主要组成部分及其功能如下：

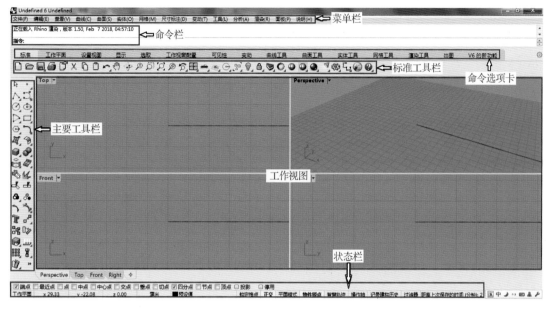

图 1-1　Rhino 6.0 软件工作界面

1. 菜单栏

菜单栏囊括了绝大部分的常用工具和命令，用户在操作中可以直接通过选择相应的命令菜单项来执行相应的操作。

2. 命令栏

命令栏用于显示和输入各种文本命令，并对每一步的操作进行提示。

3. 标准工具栏

标准工具栏包括一些常用命令，如新建文件、打开文件、储存文件等，以图标的形式提供给用户，以提高工作效率。

4. 主要工具栏

主要工具栏位于界面左侧，由两列工具条组成，主要包括各种三维建模命令工具，它们与菜单栏中提供的文本命令是相对应的。后面的操作大多都是通过在主要工具栏上执行命令来进行的。

5. 命令选项卡

命令选项卡包括"标准""工作平面""设置视图""显示""选取""工作视窗配置""可见性""变动""曲线工具""曲面工具""实体工具""网格工具""渲染工具""出图""V6 的新功能"共 15 个选项卡，系统默认打开的是"标准"选项卡，用户可以单击所需打开的选项卡进行操作。

6. 工作视图

工作视图是建模的主要活动区域，默认显示 Top（顶）视图、Front（前）视图、Right（右）视图和 Perspective（透视）视图共 4 个视图。其中，顶视图、前视图和右视图是三个正交视图，分别从不同的观察角度展现正在构建的对象，来更好地完成较为精确的建模。而透视图则以立体方式展现正在构建的三维对象，用户可在此视图中旋转三维对象，从各个角度观察正在创建的对象。

7. 状态栏

状态栏主要用于显示某些信息或控制某些项目，包括工作平面坐标信息、工作图层、锁定格点、物件锁点、记录建构历史等。

1.3 Rhino 6.0 工作环境设置

通过对软件工作环境的设置，可以使软件的操作界面看起来更舒适，更具个性化，在一定程度上可以加快建模速度，提高建模效率。

1.3.1 设置视图和视窗

1. 设置视图

在默认情况下，Rhino 界面是由 4 个视图组成的，如图 1-2 所示。

由于中国人习惯于使用主（前）视图、俯（顶）视图和左视图来表达产品的三视图，因此，可根据需要对视图进行设置。例如，可将系统默认的右视图调整为左视图，则可通过以下操作：把鼠标放置在 Right（右）视图的视图标签上，单击向下的箭头，即可打开快捷菜单，在菜单中将鼠标移至"设置视图"命令上，即会弹出"设置视图"的子菜单，在子菜单中选择 Left 即可将右视图切换为左视图，如图 1-3 所示。其他视图的设置方法与此相同。

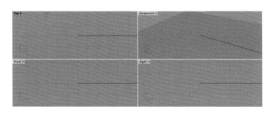

图 1-2 默认的 4 个视图

图 1-3 设置视图

其中 Top（顶）视图、Front（前）视图、Right（右）视图分别表示产品常用的三个正投影效果，而 Perspective（透视）通常代表的是轴测图。

2. 设置工作视窗数目

Rhino 软件默认的是 4 个工作视窗，用户也可根据建模需要将工作视窗配置为 3 个，或者对某一激活的工作视窗进行水平或垂直分割。

方法是把鼠标放置在某一视图的视图标签上，单击向下的箭头，即可打开快捷菜单，在菜单中将鼠标移至"工作视窗配置"命令上，即会弹出"工作视窗配置"的子菜单，在子菜单中选择相应的命令即可。如图 1-4 所示为对 Top（顶）视图进行水平分割的操作过程，图 1-5 为操作效果。

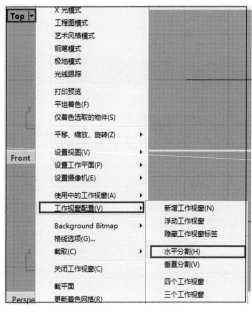

图 1-4　工作视窗配置

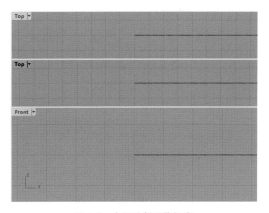

图 1-5　水平分割工作视窗

3. 设置工作视窗位置

系统默认 4 个视窗的位置如图 1-2 所示，如果想对其位置进行调整，可将鼠标放置在欲移动的视图标签上，按住鼠标左键直接将其拖动到目标位置，然后释放鼠标左键即可。图 1-6 演示了将 Front（前）视图拖动到 Top（顶）视图的过程。

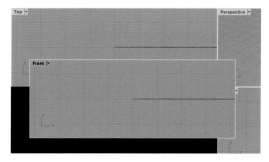

图 1-6　设置工作视窗位置

4. 设置工作视窗大小

系统默认的 4 个工作视窗大小是均等的，用户可根据需要对其大小进行调整。方法很简单，将鼠标放置在两个视窗的分界线上，鼠标会变成一个双向箭头，此时直接拖动鼠标即可调整视窗大小，如图 1-7 所示，将 Front（前）视窗调大，相应地，Top（顶）视窗会变小。

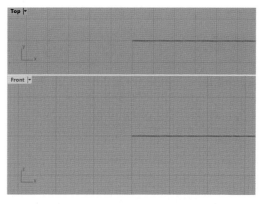

图 1-7　工作视窗大小调整

如果想同时调整 4 个视窗，可将鼠标放置在 4 个视窗的交界处，当鼠标变为 4 向箭头时，直接拖动鼠标即可。

如果在调整过程觉得不符合自己的要求，或者窗口拉动变形，随时可执行"工作视窗配置"下的"四个工作视窗"命令恢复系统默认布局。

1.3.2 显示模式

Rhino 软件中创建的模型在工作视窗中有着不同的显示方式，Rhino 6.0 提供了 10 种显示方式，分别是：线框模式、着色模式、渲染模式、半透明模式、X 光模式、工程图模式、艺术风格模式、钢笔模式、极地模式和光线跟踪。

要进行不同模式之间的切换，可单击命令选项卡"显示"，在该选项卡中直接单击要切换模式的图标即可，如图 1-8 所示。

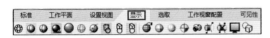

图 1-8 "显示"选项卡

或者单击任一视图标签旁的小箭头，在打开的快捷菜单中进行选择和切换，如图 1-9 所示。

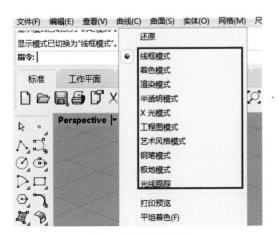

图 1-9 显示模式切换

常用的几种模式介绍如下。

线框模式：以线框的形式显示模型，如图 1-10 所示，这种方式在对曲线或曲面进行调整的时候非常有用。

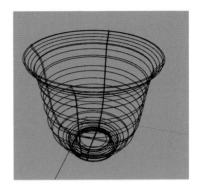

图 1-10 线框模式

着色模式：这是观察物体对象效果最好的一种方式，它可以看出整体实体的效果，同时又保留了轮廓线框，如图 1-11 所示。

图 1-11 着色模式

渲染模式：该模式是模拟渲染的效果，类似于赋材质的白模效果，如图 1-12 所示。

图 1-12 渲染模式

半透明模式：这种模式也比较常用，它可以让用户根据自己的需要设置一定的透明度，使物体具有一定的实体效果，同时也能够看到物体的背面，如图 1-13 所示。

图 1-13　半透明模式

X 光模式：这种模式和"半透明模式"类似，只是模型上的线框更加清晰，如同照射 X 光一样，如图 1-14 所示。

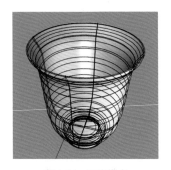

图 1-14　X 光模式

其他模式用户可自行设置观察。无论何种模式，均可在执行"显示选项"命令后打开的"Rhino 选项"对话框中进行设置，如图 1-15 所示，以使观察效果最佳。

图 1-15　"Rhino 选项"对话框

1.3.3　背景图的设置

众所周知，Rhino 软件的曲线曲面建模功能非常强大，但对于初学者来说，要想一下子绘制出流畅连贯的曲线却非易事，因此常可借助背景图来进行曲线描摹。其实对于一些复杂的产品建模，即便是熟练的设计师也常借助背景图来进行辅助建模。因此，背景图的应用就显得尤为重要。

对背景图进行设置的命令位于快捷菜单中，单击任一视图标签旁的小箭头，在打开的快捷菜单中选择"背景图"，即可显示出与背景图相关的子命令菜单，如图 1-16 所示。

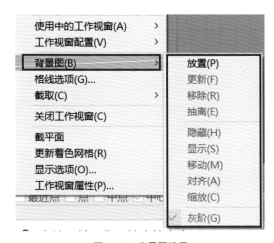

图 1-16　背景图设置

放置背景图的方法如下：在任一平面（前、顶、右）视图中执行"放置"命令，即可打开如图 1-17 所示的"打开位图"对话框。在该对话框中选择所需放置的位图图片，单击"打开"后按照软件提示在视图中拖拉出一个矩形框，所选择的位图图片即可放置在该矩形框内，如图 1-18 所示。

放置了背景图之后，与背景图有关的命令即处于可执行状态，如图 1-19 所示。

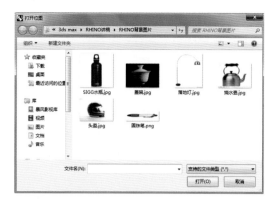

图 1-17 "打开位图"对话框

图 1-18 放置背景图

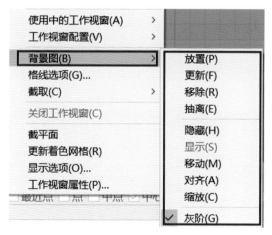

图 1-19 背景图相关命令

常用命令如下：

移除：移除已放置的背景图。

隐藏：隐藏背景图，即在不需要显示时将其隐藏，需要时可再显示。

显示：将隐藏之后的背景图再显示出来。

移动：移动背景图。

对齐：对齐背景图。

缩放：缩放背景图。

灰阶：该命令前面有个单选框，勾选时背景图会以灰阶形式显示，不勾选时背景图将以彩色形式显示。

1.3.4 文件属性的设置

单击标准工具栏上的"选项"按钮 ，即可打开"Rhino 选项"对话框，如图 1-20 所示。在该对话框中可对各种文件属性进行设置。

图 1-20 "Rhino 选项"对话框

1. 网格

"网格"设置关系到 Rhino 曲面建模过程中转化成多边形的显示和渲染，关系到显示的质量，如图 1-21 所示。系统默认为最低设置"粗糙、较快"，为了提高曲面精度，可以选择"平滑、较慢"或"自订"选项。精度越高，文件相应就越大。

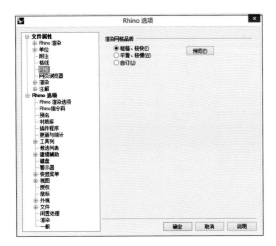

图 1-21　"网格"设置

2. 单位和公差

"单位"是建模文件很重要的参数，可根据需要选择模型单位为米、厘米、毫米等，一般情况下以毫米为单位。"绝对公差"是为建模尺寸设置误差容许限度，如两点间的最小距离默认为相接。容差越小，建模精确度越高，因此一般保持默认设置 0.001，其他公差使用默认设置，如图 1-22 所示。

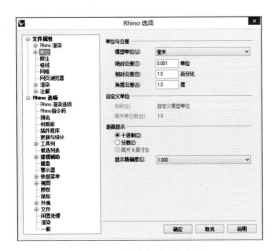

图 1-22　"单位与公差"设置

3. 格线

格线主要用来辅助建模，作为工作基准面使用，在建模时可以通过锁定格点的方式来确定规则形状的尺寸。可以修改格线的

格数和子格线间隔来使工作视窗看起来更舒服，如图 1-23 所示。

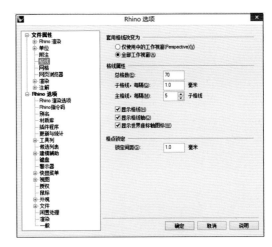

图 1-23　"格线"设置

1.3.5　Rhino 选项的设置

Rhino 选项包括工具列、建模辅助、视图、外观、文件等内容，以下对常用选项进行介绍。

1. 外观

单击"外观"，在对话框右侧即会出现与外观设置相关的命令选项，用户可根据需要对其进行设置，如设置显示语言、背景颜色、文字颜色等，如图 1-24 所示。

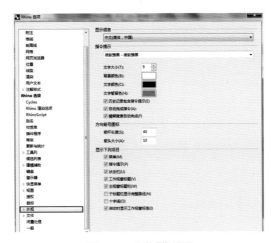

图 1-24　"外观"设置

2. 文件

单击"文件"，在对话框右侧即会出现与文件设置相关的命令选项，用户可根据需要对其进行设置，如图 1-25 所示。如可对自动保存的保存间隔进行设置，避免建模过程中软件非正常关闭时数据的丢失，系统默认为20分钟，这个时间可自行设置，也可从自动保存路径找到原文件。

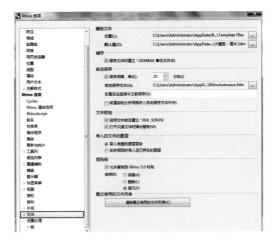

图 1-25 "文件"设置

第 2 章

Rhino 6.0 的基本操作

Rhino 软件的基本操作主要包括对象的选取、变换（包括移动、旋转、缩放）、复制、阵列、对齐等操作。要想熟练地进行建模，必须先掌握这些基本操作工具。

2.1　选取对象

在主工具栏上"全部选取"工具上按住鼠标左键，即可打开如图 2-1 所示的"选取"工具箱，该工具箱中共提供了 41 种选取对象的工具，这些工具可以以对象的各种属性（如名称、形状、颜色、图层等）进行选取，非常灵活和方便。以下仅介绍最常用的几个选取对象的工具。

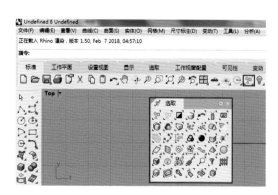

图 2-1　"选取"工具箱

2.1.1　单选

如果只想选择一个对象，用鼠标直接在该对象上单击即可，选择后的对象变为黄色，如图 2-2 所示。

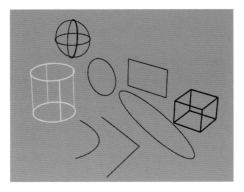

图 2-2　单选

2.1.2　多选

如果想选择多个不连续的对象，按住 Shift 键的同时用鼠标左键单击想选择的对象即可，如图 2-3 所示。

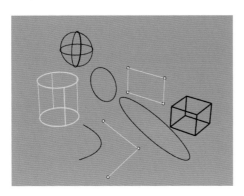

图 2-3　多选

2.1.3　区域选择

如果想选择位于同一区域的多个对象，可以进行区域选择，按住鼠标左键从左上向右下拖拉，则完全被包含在选择框内的对象会被选中，如图 2-4 所示；按住鼠标左键从右下向左上拖拉，则完全被包含在选择框内以及与选择框交叉的对象都会被选中，如图 2-5 所示。

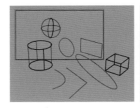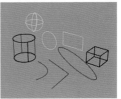

图 2-4　从左上向右下拖拉

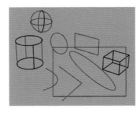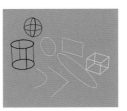

图 2-5　从右下向左上拖拉

2.1.4　其他选取方式

除以上几种最常用的选取方式外，在"选取"工具箱中比较常用的还有：

"全部选取" ：选取视图中的全部对象。

"全部取消选取" ：取消对视图中所有对象的选取。

"反选选取集合" ：如果视图中已有对象被选取，则该命令选中的是之前未被选取的所有其他对象。

"选取点" ：选取视图中所有的点对象，包括控制点、编辑点和实体上的点等。

"选择曲线" ："选取视图中所有的曲线

对象。

此外，还有诸如"以物件名称选取""以物件ID选取""以颜色选取""以图层选取"，以及"选取点云""选取灯光""选取曲面""选取网格""选取多重曲面"等选取对象的方式，具体可根据实际情况选用适当的选取命令。

2.2 变换对象

变换对象包括对象的移动、旋转和缩放操作。

2.2.1 移动对象

移动命令用于将对象从一个位置移动到一个新的位置，它是一种常用的对象操作。在命令行输入"Move"命令后回车；或者在左侧主工具列上单击"移动"命令；又或者在"变动"选项卡上单击"移动"图标，如图2-6所示，均可执行"移动"命令。

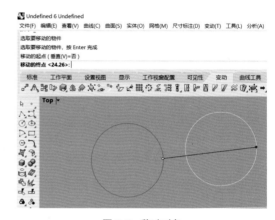

图2-7 移动对象

2.2.2 旋转对象

旋转命令用于将对象绕着垂直于创建平面的轴进行旋转操作，它也是一种常用的对象操作。在命令行输入"Rotate"命令后回车；或者在打开的"变动"工具箱中单击"旋转"图标；又或者在"变动"选项卡上单击"旋转"图标，如图2-8所示，均可执行"旋转"命令。

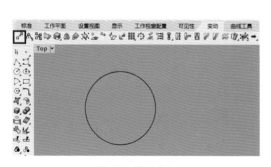

图2-6 移动命令

执行命令后，命令行出现"选取要移动的物件："，此时在视图中选取要移动的对象，回车确认，接着命令行出现"移动的起点："，此时用鼠标在视图中单击确认移动的起点，用同样的方法确认"移动的终点"，即可完成移动对象的操作，如图2-7中的黄色图形即为对象移动后的新位置。

当鼠标放在"旋转"图标上时，在出现的提示框中有两个选项，分别为"2D旋转"和"3D旋转"，单击鼠标左键执行的是"2D旋转"，单击右键执行的是"3D旋转"，Rhino软件中有许多类似的命令操作提示。当对二维图形进行旋转操作时，一般使用"2D旋转"；而当对三维图形进行旋转时，则可以使用"2D 旋转"或"3D 旋转"。

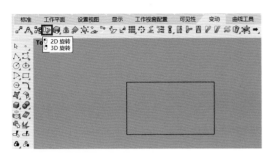

图 2-8　旋转命令

1. 2D 旋转

执行"2D 旋转"命令，此时命令行出现"选取要旋转的物件："，在视图中选取要旋转的对象，回车确认；接着命令行出现"角度或第一参考点"，此时可在命令行输入要旋转的角度（正值为逆时针旋转，负值为顺时针旋转），如果旋转角度不确定，可用鼠标在视图中任意单击一点作为旋转轴的第一参考点，用同样的方法单击确认旋转轴的第二参考点，即可完成对象的 2D 旋转操作，旋转过程如图 2-9 所示。

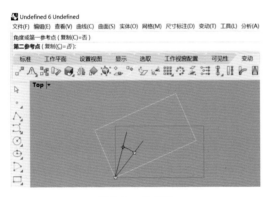

图 2-9　2D 旋转

2. 3D 旋转

执行"3D 旋转"命令，此时命令行出现"选取要旋转的物件："，在视图中选取要旋转的对象，回车确认；接着命令行出现"旋转轴起点"，在视图中捕捉图 2-10 中的点 1 作为旋转轴起点，接着出现"旋转轴终点"，在视图中捕捉图 2-10 中的点 2 作为旋转轴终点；然后命令行出现"角度或第一参考点"，此时可在命令行输入要旋转的角度，如果旋转角度不确定，可用鼠标在视图中水平面内任意单击一点作为旋转轴的第一参考点（如图 2-10 中点 3 所示），用同样的方法单击确认旋转轴的第二参考点（如图 2-10 中点 4 所示），即可完成对象的 3D 旋转操作，旋转过程如图 2-10 所示。

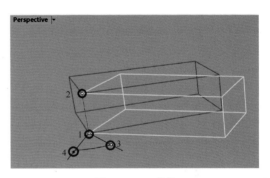

图 2-10　3D 旋转

2.2.3　缩放对象

缩放命令是一种常用的对象操作。在命令行输入"Scale"命令后回车，或者在打开的"变动"工具箱中单击"缩放"图标，又或者在"变动"选项卡上单击"缩放"图标，如图 2-11 所示，均可执行"缩放"命令。

从操作界面可见，"缩放"命令图标右下角有一个小三角，这表示该命令还有下一级的子命令。把鼠标放在"缩放"图标上，按住鼠标左键不动，即可弹出下一级子命令图标，将其拖动出来，变为"缩放"浮动工具条，在该工具条上有 5 个"缩放"类命令，分别是：三轴缩放、二轴缩放、单轴缩放、不等比缩放和在定义的平面上缩放。其中，较为常用的是前三种，以下主要介绍这三种。

图 2-11　缩放命令

1. 三轴缩放

三轴缩放是指在工作平面的 X、Y、Z 三个方向上同时以同比例缩放选取的物件。单击图标，执行"三轴缩放"命令，此时命令行出现"选取要缩放的物件:",在视图中选取要三轴缩放的对象,回车确认;接着命令行出现"基准点:",用鼠标在视图中捕捉对象上的一个特征点作为基准点,如图 2-12 中的点 1;然后命令行出现"缩放比或第一参考点",此时可在命令行输入要缩放的比例(数值大于 1 为放大,小于 1 为缩小),如果缩放比例不确定,可用鼠标在视图中任意单击一点作为三轴缩放的第一参考点,如图 2-12 中的点 2,用同样的方法单击确认三轴缩放的第二参考点,如图 2-12 中的点 3,即可完成对象的三轴缩放操作,过程如图 2-12 所示,图中黄色部分即为缩小后的对象。注意模型在 X、Y、X 三个方向同时进行了缩小。

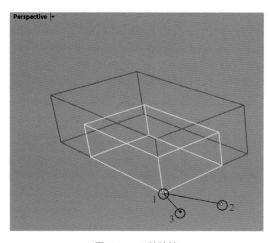

图 2-12　三轴缩放

2. 二轴缩放

二轴缩放是指在工作平面的 X、Y、Z 三个方向中的任意两个方向上同时以同比例缩放选取的物件。单击图标,执行"二轴缩放"命令,具体操作步骤同三轴缩放,过程如图 2-13 所示,图中黄色部分即为缩小后的对象。注意模型只是在 X 和 Y 两个方向上进行了缩小,Z 方向尺寸未变。

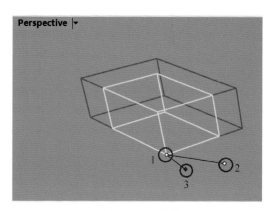

图 2-13　二轴缩放

3. 单轴缩放

单轴缩放是指在工作平面的 X、Y、Z 三个方向中的任意一个方向上以指定比例缩放选取的物件。单击图标,执行"单轴缩放"命令,具体操作步骤同上,过程如图 2-14 所示,图中黄色部分即为缩小后的对象。注意模型只是在一个方向上进行了缩小,另外两个方向尺寸未变。

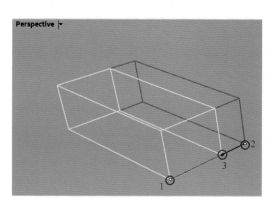

图 2-14　单轴缩放

2.3 复制对象

复制是一种快速创建模型对象的方法，在"变动"工具条上有3个与复制有关的命令，分别是：复制、镜像和阵列，下面将逐一介绍。

2.3.1 复制

单击"复制"图标，此时命令行提示"选取要复制的物件:"，用鼠标在视图中选取要复制的对象，按回车键确定；接着命令行提示"复制的起点:"，此时用鼠标捕捉对象上的一个特征点（图2-15所示为圆形的圆心）或任意单击一点；然后命令行提示"复制的终点:"，此时用鼠标在视图想要复制到的目标处单击，即可完成一次复制；重复操作，可不断复制下去，复制完成后回车确认，结束命令，如图2-15所示。该命令可一次复制多个对象，非常方便。

2.3.2 镜像

镜像命令的功能是创建一个模型对象的镜像复制品，因此它也可归为复制的一种形式。

在"变动"工具条上单击"镜像"图标，此时命令行提示"选取要镜像的物件:"，用鼠标在视图中选取要镜像的对象，回车确定；接着命令行提示"镜像平面起点:"，此时可用鼠标在视图中任意单击一个点，然后命令行提示"镜像平面终点:"，此时用鼠标在视图中再单击一个点，起点和终点就形成了一个镜像轴，确认后即可完成镜像操作，如图2-16所示。

当在"镜像"图标上右击时，执行的是"三点镜像"命令，该命令用三个点决定一个镜像平面的方式对模型对象进行空间的镜像，更加灵活，但应用不多，因此不再赘述。

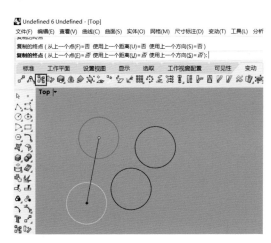

图2-15 复制对象

图2-16 镜像对象

2.3.3 阵列

阵列命令的功能是在 X、Y、Z 三个方向上对模型对象进行复制，使其形成行、列和层。在"变动"工具条上的"阵列"图标 上按住鼠标左键不动，即可弹出阵列工具条，如图 2-17 所示，其中包含 6 种阵列工具，分别为：矩形阵列、环形阵列、沿着曲线阵列、在曲面上阵列、沿着曲面上的曲线阵列以及直线阵列。以下介绍最常用的几种阵列工具。

图 2-17 阵列工具条

1. 矩形阵列

在阵列工具条上单击图标 ，即可执行矩形阵列命令。此时命令行提示"选取要阵列的物体："，在视图中单击选择要阵列的圆柱体，按回车键确认；接着命令行提示"X方向上的数目："，输入 4，回车；命令行提示"Y方向上的数目："，输入 3，回车；命令行提示"Z方向上的数目："，输入 2，回车；然后命令行提示"单位方块或 X 方向的间距："，在顶视图中用鼠标拖拉出图 2-18 所示的红色矩形，此矩形方块的大小决定了 X 方向和 Y方向上相邻阵列对象之间的间距；接着命令行提示"高度："，用鼠标在左视图或前视图中拖拉出图 2-19 所示的高度，此高度决定了 Z 方向上相邻阵列对象之间的间距；最后，命令行提示"按 Enter 接受："，同时在其后的括号中出现了 X、Y、Z 三个方向上的数目和间距，若需修改，可直接单击括号中要修改的参数，进行修改；若无须修改，则按回车键确认，完成阵列，阵列效果如图 2-20所示。

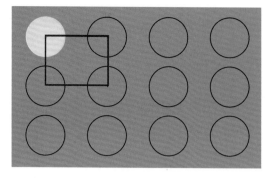

图 2-18 单位方块

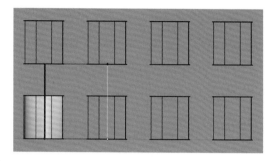

图 2-19 阵列高度

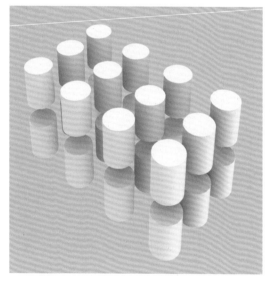

图 2-20 矩形阵列效果

2. 环形阵列

在阵列工具条上单击图标 ，即可执行环形阵列命令，此时命令行提示"选取要阵列的物体："，在视图中单击选择要阵列的圆柱体，按回车键确认；接着命令行提示"环形阵列中心点："，用鼠标在视图中任意单击一点，接着命令行提示"阵列数:"，在此输入8，回车；接着命令行提示"旋转角度总和或第一参考点 <360>:"系统默认360度，如果想指定其他角度，可直接输入角度值，按回车键确认；接着命令行提示"按Enter接受设定:"，同时括号中显示以上设置过的参数，可再次确认是否要修改，无须修改时直接确认，完成环形阵列，效果如图 2-21 所示。

后在阵列工具条上单击"沿着曲线阵列"图标🖐️，此时命令行提示"选取要阵列的物体:"，在视图中单击选择要阵列的圆，按回车键确认；接着命令行提示"选取路径曲线:"，在视图中选择曲线，此时弹出"沿着曲线阵列选项"对话框，在对话框中进行相关参数设置，如图 2-22 所示，确定后即完成沿着曲线阵列，效果如图 2-23 所示。

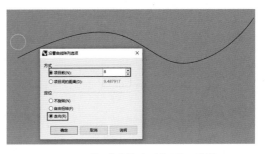

图 2-22　"沿着曲线阵列选项" 对话框

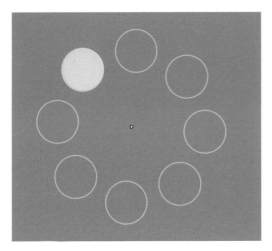

图 2-21　环形阵列效果

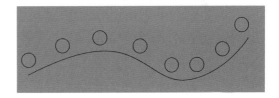

图 2-23　沿着曲线阵列效果

3. 沿着曲线阵列

在视图中绘制一条曲线和一个圆，然

以上 3 种阵列工具应用比较频繁，其余 3 种应用较少，因此不再赘述。

2.4　对齐对象

对齐命令的功能就是对齐多个模型对象。在"变动"工具条上的"对齐"图标🖳上按住鼠标左键不动，即可弹出对齐工具条，其中包含 8 种对齐工具，分别为：向上对齐、向下对齐、向左对齐、向右对齐、水平置中、垂直置中、双向置中和平均分布物件，如图 2-24 所示。

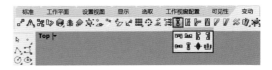

图 2-24　对齐工具条

下面举例说明主要对齐工具的应用方法。图 2-25 所示为任意绘制的 4 个圆形，且随意分布，现用对齐命令来对齐它们。

在对齐工具条中单击"向上对齐"图标 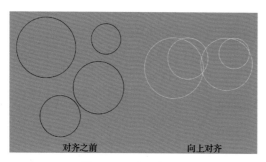，命令行提示"选取要对齐的物件:"，用鼠标框选图 2-25 中的 4 个圆形，按回车键确认后，命令行接着提示"对齐点，按 Enter 自动对齐:"，用鼠标在视图中任意单击一点，4 个圆形即以指定点为上边缘进行了向上对齐，效果如图 2-25 中右图所示。

Z 轴，或任意指定方向，并以指定的间距和模式对所选对象进行平均分布，图 2-27 右侧虚线框中所示物件即为按照指定的方向所平均分布的结果。

图 2-25　向上对齐示例

同样，可分别进行向下对齐、向左对齐、向右对齐、水平置中、垂直置中、双向置中，前 7 种对齐效果如图 2-26 所示。

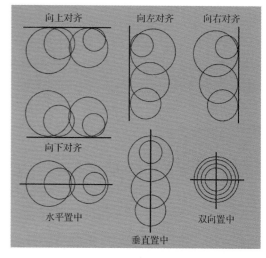

图 2-26　7 种对齐效果

此外，还有 1 种对齐方式:平均分布物件 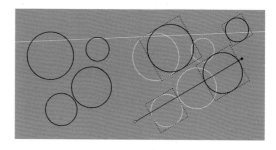。执行命令后，命令行提示"选取至少三个物件进行平均分布:"选择以上 4 个圆形，确认后，命令行接着提示"平均分布选项:"，在该选项括号中，可根据需要选择 X 轴、Y 轴、

图 2-27　平均分布物件

2.5　定位对象

定位命令主要用来对视图中模型对象的位置进行重新调整，以确定其新的位置。"变动"工具条上共有 4 个与定位有关的命令，分别为:定位物件 、定位物件至曲面 、垂直定位至曲线 、定位曲线至边缘 。以下介绍最常用的几种定位操作。

2.5.1　定位物件

定位物件命令使用两个参考点和两个目标点来移动、复制、旋转或缩放对象，它具有对齐功能。鼠标放在该命令图标上时，弹出的提示框中显示两个命令选项:"定位物件：两点"和"定位物件：三点"。

"定位物件：两点"命令常用于对二维图形进行定位，定位时需要两个参考点和两个目标点。如在图 2-28 中，如果要把圆形对齐到矩形右边，则可单击"定位"图标，命令行提示"选取要定位的物件："，单击选取圆形；接着命令行提示"参考点 1："，捕捉圆形的一个四分点，提示"参考点 2："，捕捉圆形的另一个四分点；接着命令行提示"目标点 1："，捕捉矩形右下角的端点，命令行提示"目标点 2："，捕捉矩形右上角的端点，即可完成定位操作。操作过程如图 2-29 所示。

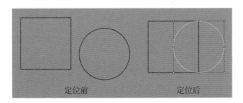

图 2-28　定位物件

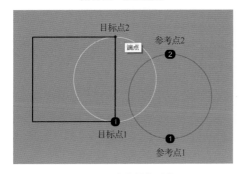

图 2-29　定位操作过程

"定位物件：三点"命令常用于对三维图形进行定位，定位时需要三个参考点和三个目标点，操作过程类似，不再赘述。

2.5.2　垂直定位至曲线

垂直定位至曲线命令的功能主要是将一条曲线垂直定位到另一条曲线上。如图 2-30 所示，如果要将圆形垂直定位至曲线上，可进行如下操作：单击图标 执行命令，命令

行提示"选取要定位的物件："，在视图中选取圆形，确定；接着提示"基准点："，捕捉圆形的中心点；接着提示"选取要定位于其上的曲线："，选取曲线；接着提示"曲线上的新基准点："，在曲线任意位置单击，即可将圆形垂直定位于曲线上。此时命令行的括号中还有一些选项，以决定在定位的同时是否复制、是否反转、是否旋转等。

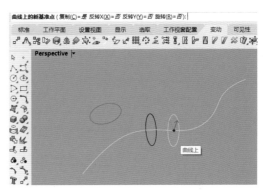

图 2-30　垂直定位至曲线

2.5.3　定位曲线至边缘

定位曲线至边缘命令可以把一条曲线对齐到曲面的边缘。如图 2-31 所示的曲面和曲线，若想把曲线定位至曲面边缘，可执行如下操作：单击图标 执行命令，命令行提示"选取要定位的曲线："，选取曲线；接着提示"选取目标曲面边缘："，选取边缘；接着提示"指定目标边缘上的点："，同时括号中还有复制、反转曲面、反转曲线选项，确定后即可完成定位曲线至边缘操作，效果如图 2-31 所示。

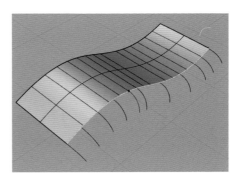

图 2-31　定位曲线至边缘

2.6 设置 XYZ 坐标

设置 XYZ 坐标命令的功能是在 X、Y 或 Z 方向将物件移动到一个特定的位置，该命令对于曲线或曲面的点对齐有很大的作用。

如图 2-32 中所示曲线为一条空间曲线，如果想让它变为一条平面曲线，则可使用设置 XYZ 坐标命令，操作如下：单击图标  执行命令，命令行提示"选取要变动的物件："，选取曲线，确定后会弹出一个"设置点"的对话框，如图 2-33 所示，在该对话框中勾选"设置 Z"，即想在 Z 方向将曲线上的所有点对齐，确定后，曲线即变为一条图 2-34 所示的水平直线，单击鼠标确定其上下位置后，原曲线上的所有点均在 Z 方向进行了对齐，曲线即由空间曲线变成了平面曲线，结果如图 2-35 所示。

图 2-33　"设置点"对话框

图 2-34　"设置 Z"坐标

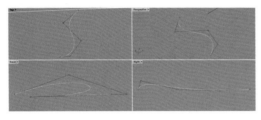

图 2-32　空间曲线

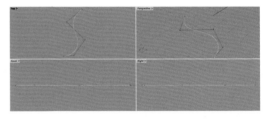

图 2-35　最终效果

2.7 群组

在建模过程中，有时需要把几个模型对象编制成一个组，以便操作，这时就要用到群组命令。在 Rhino 界面左侧的主工具条上，有一个群组命令图标 ，把鼠标放在该图标上按住鼠标左键，即可弹出"群组"工具条，如图 2-36 所示。在群组工具条中共有 5 个工具，分别为：群组物件、解散群组、加入至

群组、从群组移除和设置群组名称。

图 2-36　"群组"工具条

2.7.1　群组物件

"群组物件"命令把选取的对象组合为一个群组，指令会把整个群组当成一个对象进行处理。如在图 2-37 中，执行"群组物件"命令，按命令行提示选择视图中的 3 个图形对象，确定后它们即被组合为一个群组。

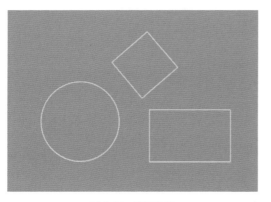

图 2-37　群组物件

2.7.2　解散群组

"解散群组"命令用于解散一个群组。执行"解散群组"命令，按命令行提示选择要解散的群组，确定后该群组即被解散为组合之前的 3 个图形对象，如图 2-38 所示。

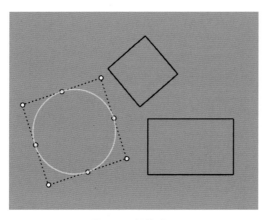

图 2-38　解散群组

2.7.3　加入至群组

"加入至群组"命令用于把一个对象加入至一个选定的群组。如图 2-39 所示，执行"加入至群组"命令，按命令行提示选取要加入的物体，确定后选取群组，即可将刚选择的物体加入至选定的群组中。

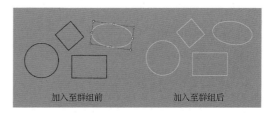

图 2-39　加入至群组

2.7.4　从群组移除

"从群组移除"命令用于把对象从群组中移除出去。如图 2-40 所示，执行"从群组移除"命令，按命令行提示选取要从群组移除的物体，确定后即可将对象从选定的群组中移除。

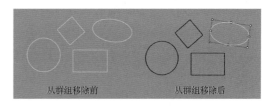

图 2-40　从群组移除

2.7.5　设置群组名称

"设置群组名称"命令用于给群组命名。执行命令后，按命令行提示选取要命名的群组，确定后，在命令行输入新群组名称即可，命名时需注意区分大小写。

2.8 图层

图层用于管理软件中的模型，在实际操作中，通常会把具有同一属性的模型对象放置在同一图层上，以便管理。

在命令行输入命令"Layer"，或者在标准选项卡中单击"切换图层面板"图标，如图 2-41 所示，均可打开一个如图 2-42 所示的工具面板。

图 2-41 图层命令执行方式

该工具面板包括两个选项卡：属性和图层。以下重点介绍图层管理中常用的命令。

图 2-42 图层面板

2.8.1 新图层

在打开的图层面板中可看到，软件默认有一个"预设值"和"图层 01～图层 05"，如果还想创建新的图层，则可单击面板上方

工具条上的"新图层"图标，系统即创建一个新图层"图层 06"，重复执行该命令，可一直创建新的图层，如图 2-43 所示。

图 2-43 创建新图层

2.8.2 删除图层

首先在图层列表中选择要删除的图层，然后在面板上方的工具条上单击"删除"图标✕，即可删除所选图层，删除图 2-43 中图层 06 后的效果如图 2-44 所示。

图 2-44 删除图层

2.8.3 图层属性设置

1. 重新命名图层

在新建图层时，系统自动按序号给图层命令，这并不符合用户的需求，因此通常要根据实际需要，将图层名称修改为具有一定意义且容易识别的名称。

双击要重新命名的图层名称，即可对其进行修改，修改后的名称如图 2-45 所示。

图 2-45　重新命名图层

2. 修改图层颜色

创建图层时，系统给每个图层默认了一种颜色，如果不满意，则可修改图层颜色。用鼠标直接单击要修改的图层颜色，系统会打开一个"选择图层颜色"的对话框，即可在其中选择或设置自己希望的图层颜色，如图 2-46 所示。

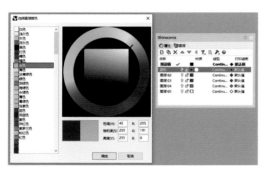

图 2-46　修改图层颜色

3. 设置图层材质

单击图层的材质小圆，可打开"图层材质"对话框，在该对话框中即可对图层材质进行设置，如图 2-47 所示。

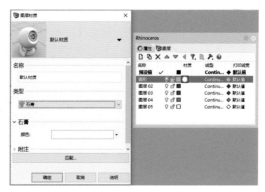

图 2-47　设置图层材质

4. 图层其他属性

图层的打开 / 关闭：图层默认都是打开的，如果想关闭图层，则在选中的图层上，直接单击灯泡状图标即可。图层关闭后，该图层上的所有模型将不可见。

图层的锁定 / 解锁：图层默认都是未锁定的，如果想锁定图层，则在选中的图层上，直接单击小锁状图标即可。图层锁定后，该图层上的所有模型不可被操作。

图层关闭和锁定的图标如图 2-48 所示。

图层的线型：系统默认的图层线型是实线，如果想改变线型，可直接单击图层的线型 Continuous，在打开的"选择线型"对话框中选择适当的线型。

图层的打印线宽：如果想改变系统默认的打印线宽，直接单击"默认值"，在打开的"选择打印线宽"对话框中选择合适的打印线宽。

图 2-48　关闭和锁定图层

图 2-49　分层管理模型示例

2.8.4　分层管理模型

建立图层的目的是用图层来管理视图中的模型对象，以下举例说明如何分层管理模型。如图 2-49 所示，该视图中有三类模型，分别为：圆形（3 个）、矩形（2 个）和椭圆形（2 个）。现拟将每一类模型分别放置在一个图层上，需进行如下操作：

首先建立 3 个图层，分别命名为圆形、矩形和椭圆形，并且给三个图层分别指定不同的颜色：红色、黄色和蓝色，如图 2-50 所示。

图 2-50　建立图层

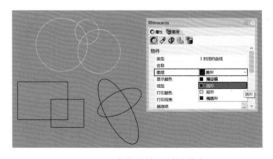

图 2-51　将模型放置到图层中

然后将 3 类图形分别放置在相应图层上，具体操作步骤：在视图中选择一组圆形，在图层面板中单击"属性"选项卡，单击"图层"右方的下拉列表，从列表中选择"圆形"图层，即可将所选对象放置在圆形图层中，如图 2-51 所示。同样，分别将矩形和椭圆形放置在其相应图层中去，放置结果如图 2-52 所示。

模型分层放置后，就可以对不同的图层单独进行打开 / 关闭、锁定 / 解锁，以及设置材质等操作，非常地灵活和方便。更主要的是，模型的分层管理对于后期渲染操作是必不可少的，尤其是在 Keyshot 软件中进行的渲染。

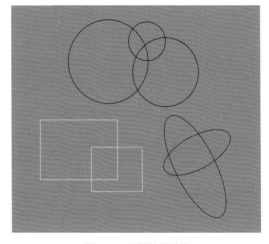

图 2-52　分层放置结果

第 *3* 章

点线创建

本章将介绍点、直线、曲线以及常用二维图形如圆、椭圆、圆弧、矩形、文本等的创建。

3.1 点的创建

在界面左侧主工具列的"点"图标上按住鼠标左键，即可弹出如图 3-1 所示的"点"工具箱，在该工具箱中，共提供了 12 种创建点的工具。以下仅介绍最常用的两种点工具。

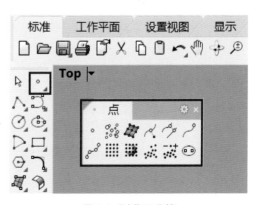

图 3-1 "点"工具箱

3.1.1 单点

　　在"点"工具箱中单击"单点"图标，命令行即提示："点物件的位置:"，此时可在命令行输入点的坐标值，或者在视图中任意位置点击，即可创建一个点，如图 3-2 所示。该命令一次只可创建一个点，要想继续创建点，则要重复执行命令。

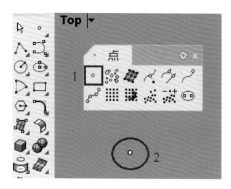

图 3-2　创建单点

3.1.2 多点

　　在"点"工具箱中单击"多点"图标，命令行即提示："点物件的位置:"，此时可在命令行输入点的坐标值，或者在视图中任意位置点击，创建一个点；之后命令行接着提示："点物件的位置:"，继续创建点，依次类推，直至回车确认，结束多个点的创建，如图 3-3 所示。该命令一次可以创建多个点。

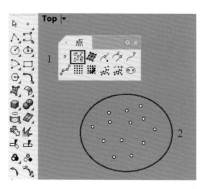

图 3-3　创建多点

3.2　直线的创建

　　在界面左侧主工具列的"直线"图标上按住鼠标左键，即可弹出如图 3-4 所示的"直线"工具箱，在该工具箱中，共提供了 17 种创建直线的工具，以下仅介绍最常用的几种。

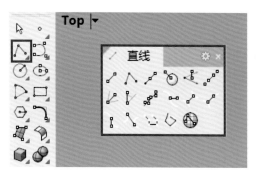

图 3-4　"直线"工具箱

3.2.1 单一直线

　　在"直线"工具箱中单击"单一直线"图标，命令行即提示："直线起点:"，此时可在命令行输入直线起点的坐标值，或者在视图中任意位置单击，确定直线的起点；接着命令行提示"直线终点:"，同样可在命令行输入直线终点坐标值或直接单击确定一点作为直线终点，完成单一直线的创建，如图 3-5 所示。该命令一次只可创建一条单一直线，要想继续创建直线，则需要重复执行命令。

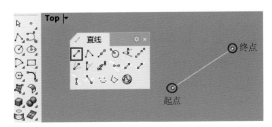

图 3-5　创建单一直线

创建，如图 3-7 所示。

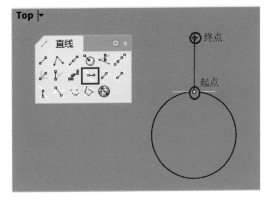

图 3-7　创建直线：起点与曲线垂直

3.2.2　多重直线

在"直线"工具箱中单击"多重直线"图标，命令行即提示："多重直线起点："，此时可在命令行输入多重直线起点的坐标值，或者在视图中任意位置单击，确定多重直线的起点；接着命令行提示"多重直线的下一点："，同样可在命令行输入多重直线下一点坐标值或直接单击确定一点作为多重直线的下一点；如此继续下去，回车确定后完成多重直线的创建，如图 3-6 所示。

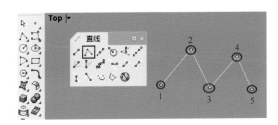

图 3-6　创建多重直线

3.2.4　直线：与两条曲线垂直

在执行该命令前，视图中要先创建两条曲线。然后在"直线"工具箱中单击"直线：与两条曲线垂直"图标，命令行即提示："选取第一条曲线："，用鼠标选取第一条曲线，接着提示："选取第二条曲线："，用鼠标选取第二条曲线，软件自动完成与两条曲线垂直的直线的创建，如图 3-8 所示。

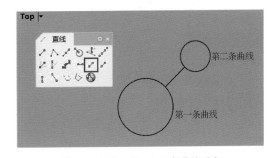

图 3-8　创建直线：与两条曲线垂直

3.2.3　直线：起点与曲线垂直

在执行该命令前，视图中要先创建一条曲线。然后在"直线"工具条上单击"直线：起点与曲线垂直"图标，命令行即提示："直线起点："，此时将鼠标移动至曲线上的任一点附近，系统即自动捕捉到曲线上的一点，接着命令行提示"直线终点："，用鼠标单击确定直线终点，完成起点与曲线垂直直线的

3.2.5　直线：起点与曲线正切

在执行该命令前，视图中要先创建一条曲线。然后在"直线"工具箱中单击"直线：

起点与曲线正切"图标，命令行即提示："直线起点："，此时将鼠标移动至曲线上的任意一点附近，系统即自动捕捉到曲线上的一点，并在鼠标处显示出该点的切线方向，单击确认后，命令行接着提示"直线终点："，用鼠标单击确定直线终点，完成起点与曲线正切的直线的创建，如图3-9所示。

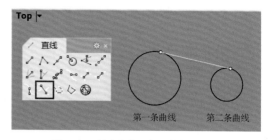

图 3-10　创建直线：与两条曲线正切

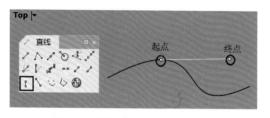

图 3-9　创建直线：起点与曲线正切

3.2.6　直线：与两条曲线正切

在执行该命令前，视图中要先创建两条曲线。然后在"直线"工具箱中单击"直线：与两条曲线正切"图标，命令行即提示："选取第一条曲线："，用鼠标选取第一条曲线；接着提示："选取第二条曲线："，用鼠标选取第二条曲线，系统自动完成与两条曲线正切的直线的创建，如图3-10所示。

3.2.7　直线：起点正切、终点垂直

在执行该命令前，视图中要先创建两条曲线。然后在"直线"工具箱中单击"直线：起点正切、终点垂直"图标，命令行即提示："直线起点："，将鼠标移至第一条曲线附近，系统自动捕捉一个点，并显示该点的切线方向，单击确定后，命令行接着提示："直线起点："，将鼠标移至第二条曲线附近，系统自动捕捉一个垂点，并显示该点的切线方向，单击确认后完成"起点正切、终点垂直"的直线的绘制，如图3-11所示。

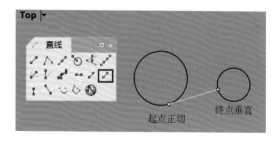

图 3-11　创建直线：起点正切、终点垂直

3.3　曲线的创建

在界面左侧主工具列的"曲线"图标上按住鼠标左键，即可弹出如图3-12所示的"曲线"工具箱，在该工具箱中，共提供了16种创建曲线的工具，以下仅介绍最常用的几种。

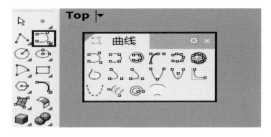

图 3-12 "曲线"工具箱

图中任意位置单击，确定曲线的起点；接着命令行提示"下一点："，同样可在命令行输入曲线下一点坐标值或直接单击鼠标确定一点作为曲线的下一点，依次重复，直至最后一点确定后完成曲线绘制，如图 3-14 所示。注意：内插点曲线绘制过程中单击的所有点均在曲线上。

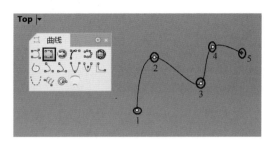

图 3-14　绘制内插点曲线

3.3.1　控制点曲线

在"曲线"工具箱中单击"控制点曲线"图标，命令行即提示："曲线起点："，此时可在命令行输入曲线起点的坐标值，或者在视图中任意位置单击，确定曲线的起点；接着命令行提示"下一点："，同样可在命令行输入曲线下一个控制点的坐标值，或直接单击鼠标确定一点作为曲线的下一个控制点；依次重复，直至最后一点确定后完成曲线绘制，如图 3-13 所示。注意：控制点曲线除了起点和终点外，中间的控制点只是控制曲线的走向，它们并不在曲线上。

3.3.3　弹簧线

在"曲线"工具箱中单击"弹簧线"图标，命令行即提示："轴的起点："，此时可在命令行输入轴的起点的坐标值，或者在视图中任意位置单击，确定轴的起点；接着命令行提示"轴的终点："，同样可输入轴的终点的坐标值，或直接单击鼠标确定一点作为轴的终点；然后命令行提示"半径和起点"，输入半径数值或用鼠标在视图中单击指定半径，即可完成弹簧线的绘制，如图 3-15 所示。绘制时，还可在命令行的括号中选择修改弹簧的圈数等参数。

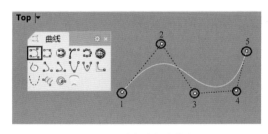

图 3-13　绘制控制点曲线

3.3.2　内插点曲线

在"曲线"工具箱中单击"内插点曲线"图标，命令行即提示："曲线起点："，此时可在命令行输入曲线起点的坐标值，或者在视

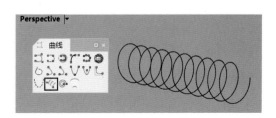

图 3-15　绘制弹簧线

3.3.4 在两条曲线之间建立均分曲线

在"曲线"工具箱中单击"在两条曲线之间建立均分曲线"图标，命令行即提示："选取起点与终点曲线："，此时可在视图中单击选取起点与终点曲线，接着命令行提示"按 Enter 接受设置："，括号内有一些参数，如果要修改参数，可直接单击要修改的参数进行修改，如果不需要修改，可直接确认，完成在两条曲线之间建立均分曲线，如图 3-16 所示。

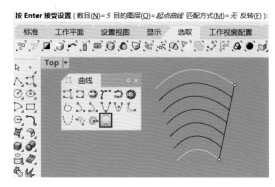

图 3-16　在两条曲线之间建立均分曲线

3.4 圆的创建

在界面左侧主工具列的"圆"图标上按住鼠标左键，即可弹出如图 3-17 所示的"圆"工具箱，在该工具箱中，共提供了 10 种创建圆的工具，以下仅介绍最常用的几种。

输入圆心坐标，或者用鼠标在视图中任意位置单击确定圆心；接着命令行提示"半径："，同样可输入半径数值或在视图中单击确定，完成圆的创建，如图 3-18 所示。

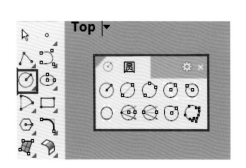

图 3-17　"圆"工具箱

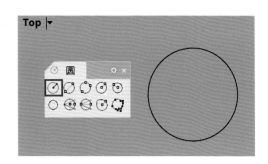

图 3-18　创建圆：中心点、半径

3.4.1 圆：中心点、半径

这是最简单、最基本的创建圆的方式，即通过圆的圆心和半径确定一个圆的位置和大小。在"圆"工具箱中单击"圆：中心点、半径"图标，命令行提示"圆心："，此时可

3.4.2 圆：环绕曲线

通过这种方式创建的圆，其圆心在指定曲线上。在"圆"工具箱中单击"圆：环绕曲线"图标，命令行提示"选取曲线："，用鼠标选取要环绕的曲线；命令行接着提

示"圆心:",用鼠标在曲线上移动确定圆心位置;接着命令行提示"半径:"输入半径数值或用鼠标单击确定后,完成圆的创建,如图3-19所示。

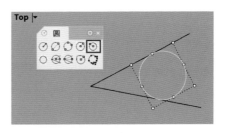

图 3-20　创建圆:正切、正切、半径

3.4.4　圆:与数条曲线正切

在"圆"工具箱中单击"圆:与数条曲线正切"图标,命令行提示"第一条相切曲线:",用鼠标选取第一条相切曲线;命令行接着提示"第二条相切曲线:",用鼠标选取第二条相切曲线;命令行接着提示"第三条相切曲线:",用鼠标选取第三条相切曲线,完成圆的创建,如图3-21所示。

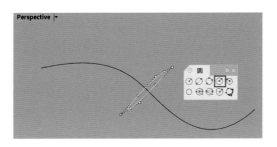

图 3-19　创建圆:环绕曲线

3.4.3　圆:正切、正切、半径

在"圆"工具箱中单击"圆:正切、正切、半径"图标,命令行提示"第一条相切曲线:",用鼠标选取第一条相切曲线;接着命令行提示"第二条相切曲线或半径:",用鼠标选取第二条相切曲线;接着命令行提示"半径:",输入半径数值,完成圆的创建,如图3-20所示。

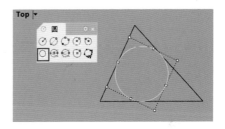

图 3-21　创建圆:与数条曲线正切

3.5　椭圆的创建

在界面左侧主工具条的"椭圆"图标上按住鼠标左键,即可弹出如图3-22所示的"椭圆"工具箱,在该工具箱中,共提供了6种创建椭圆的工具,以下仅介绍最常用的几种。

图 3-22　"椭圆"工具箱

3.5.1　椭圆：从中心点

该工具利用椭圆的中心点和长轴、短轴来确定椭圆。在"椭圆"工具箱中单击"椭圆：从中心点"图标，命令行提示"椭圆中心点："，在命令行输入中心点坐标值，或者用鼠标在视图中任意位置单击确定中心点；命令行接着提示"第一轴终点："，同样输入数值或单击确定；命令行接着提示"第二轴终点："，同样输入数值或单击确定后，完成椭圆的创建，如图3-23所示。

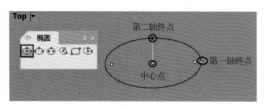

图3-23　创建椭圆：从中心点

3.5.2　椭圆：环绕曲线

该方法同样利用椭圆的中心点和长轴、短轴来确定椭圆，只是椭圆的中心点位于所选曲线上。在"椭圆"工具箱中单击"椭圆：环绕曲线"图标，命令行提示"选取曲线："，用鼠标选取欲环绕的曲线；命令行接着提示"椭圆中心点："，在命令行输入中心点坐标值，或者用鼠标在视图中任意位置单击确定中心点；命令行接着提示"第一轴终点："，同样输入数值或单击确定；命令行接着提示"第二轴终点："，同样输入数值或单击确定，完成椭圆的创建，如图3-24所示。此时需注意，第二轴终点的单击是在另外一个视图中完成的。

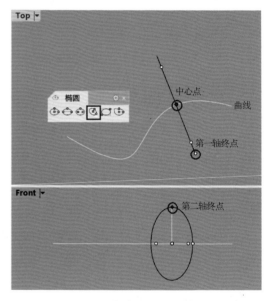

图3-24　创建椭圆：环绕曲线

3.6　圆弧的创建

在界面左侧主工具列的"圆弧"图标上按住鼠标左键，即可弹出如图3-25所示的"圆弧"工具箱，在该工具箱中，共提供了7种创建圆弧的工具，以下仅介绍最常用的几种。

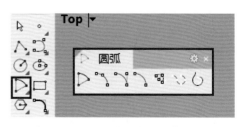

图3-25　"圆弧"工具箱

3.6.1 圆弧：中心点、起点、角度

在"圆弧"工具箱中单击"圆弧:中心点、起点、角度"图标，命令行提示"圆弧中心点:"，在命令行输入中心点坐标值，或者用鼠标在视图中任意位置单击确定中心点；命令行接着提示"圆弧起点:"，同样输入数值或者用鼠标在视图中单击确定起点；命令行接着提示"终点或角度:"，同样输入角度数值或者用鼠标在视图中单击确定终点位置，完成圆弧创建，如图 3-26 所示。

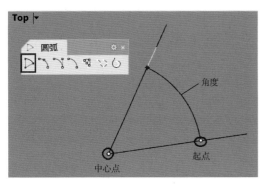

图 3-26 创建圆弧：中心点、起点、角度

3.6.2 圆弧：与数条曲线正切

在圆弧工具箱中单击"圆弧:与数条曲线正切"图标，命令行提示"第一条相切曲线:"，在视图中选取第一条相切曲线；命令行接着提示"第二条相切曲线或半径:"，在视图中选取第二条相切曲线；命令行接着提示"第三条相切曲线，按 Enter 以前两点画圆弧:"，此时如果有第三条相切曲线，则直接选取之，如果没有则回车，以前两点画圆弧；回车后命令行提示"选择圆弧:"，根据实际情况选择需要的圆弧，完成与数条曲线正切的圆弧的创建，如图 3-27 所示。

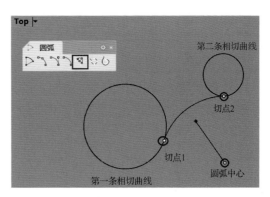

图 3-27 创建圆弧：与数条曲线正切

3.7 矩形的创建

在界面左侧主工具列的"矩形"图标上按住鼠标左键，即可弹出如图 3-28 所示的"矩形"工具箱，在该工具箱中，共提供了 5 种创建矩形的工具，以下仅介绍最常用的几种。

图 3-28 "矩形"工具箱

3.7.1 矩形：角对角

在矩形工具箱中单击"矩形:角对角"图标，命令行提示"矩形的第一角:"，在命令行输入第一角的坐标值，或者用鼠标在视图中任意位置单击确定矩形的第一角；命令行接着提示"另一角或长度:"，同样输入另一角的数值或者用鼠标在视图中单击确定另一角的位置,完成矩形的创建,如图 3-29 所示。

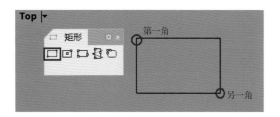

图 3-29　创建矩形：角对角

在建模过程中应用较多，其创建方法与"矩形：角对角"相同，只是在最后多了一步指定"半径或圆角通过的点："，可在命令行输入圆角半径，或者用鼠标指定圆角通过的点，即可创建圆角矩形，如图 3-30 所示。

3.7.2　圆角矩形

圆角矩形即四个角带有圆角的矩形，它

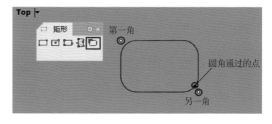

图 3-30　创建圆角矩形

3.8　多边形的创建

在界面左侧主工具列的"多边形"图标上按住鼠标左键，即可弹出如图 3-31 所示的"多边形"工具箱，在该工具箱中，共提供了 7 种创建矩形的工具，以下仅介绍最常用的几种。

图 3-31　"多边形"工具箱

3.8.1　多边形：中心点、半径

在多边形工具箱中单击"多边形：中

点、半径"图标，命令行提示"内接多边形中心点："，在命令行输入多边形中心点的坐标值，或者用鼠标在视图中任意位置单击确定多边形的中心点；命令行接着提示"多边形的角："，同样输入数值或者用鼠标在视图中单击确定多边形的角，完成多边形的创建，如图 3-32 所示。系统默认的多边形是五边形，如果想创建其他边数的多边形，创建过程中在命令行修改参数即可。

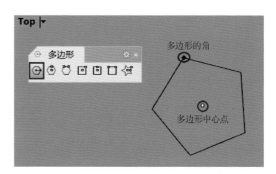

图 3-32　创建多边形：中心点、半径

3.8.2 多边形：星形

在多边形工具箱中单击"多边形：星形"图标，命令行提示"星形中心点："，在命令行输入星形中心点的坐标值，或者用鼠标在视图中任意位置单击确定星形的中心点；命令行接着提示"星形的角："，同样输入数值或者用鼠标在视图中单击确定星形的角；命令行接着提示"星形的第二个半径："，同样输入数值或者用鼠标在视图中单击确定星形的第二个半径，完成星形的创建，如图3-33所示。系统默认的星形是四角星，如果想创建其他角数的星形，创建过程中在命令行修改边数参数即可。

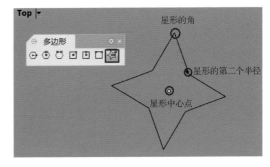

图3-33　创建多边形：星形

3.9　文本物件的创建

建模过程中，经常需要输入中文或外文文字，"文本物件"命令可以完成此功能。单击界面左侧主工具列的"文本物件"图标，即可弹出如图3-34所示的"文本物件"对话框，在该对话框中可进行文字的输入和设置。

在"文本物件"对话框中的"文本框"中输入拟创建的文本，Rhino软件中的文本类型很灵活，它可以是曲线、曲面或实体，三种文本实例如图3-35所示。此外，在对话框中还可以对文本的高度、字体、对齐方式、是否旋转、西文字母大小写切换等进行设置，这些内容与一般的文本编辑软件功能类似，因此不再赘述。

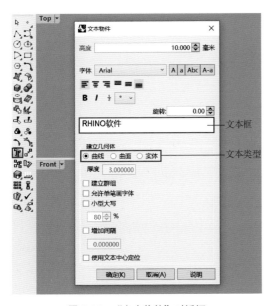

图3-34　"文本物件"对话框

图3-35　曲线、曲面和实体文本

3.10 基本图形创建实例

在学习了前面内容之后，以下通过几个基本图形创建实例来练习和巩固基本图形创建命令，以及软件基本操作的相关命令。

3.10.1 六角星图案

六角星图案

图 3-36 所示的六角星图案主要由一组六角星和一个正六边形外轮廓组成。可在创建一个六角星后，缩放复制其他六角星；最后用多边形或直线命令完成外轮廓的绘制。

图 3-36　六角星图案

1. 绘制星形

利用"多边形：星形"命令绘制一个六角星，如图 3-37 所示。

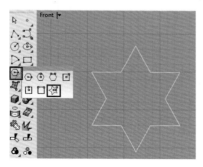

图 3-37　绘制六角星

2. 二轴缩放

在"变动"工具箱中执行"二轴缩放"命令，如图 3-38 所示，勾选界面下方物件锁点中的"中心点"捕捉工具，选择六角星中心点作为缩放基点，单击命令行，修改"复制＝是"，输入缩放比为 0.8，即可一边缩放一边复制，结果如图 3-39 所示。

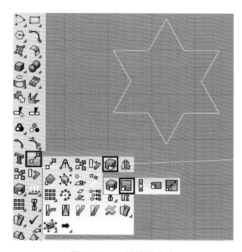

图 3-38　二轴缩放命令

图 3-39　缩放复制结果

3. 继续二轴缩放

同样，继续缩放复制数个六角星，结果

如图 3-40 所示。

中主要应用了圆和直线命令。

图 3-40　多次缩放复制

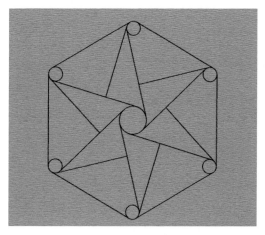

图 3-42　几何图案

4. 绘制直线

在"直线"工具箱中执行"多重直线"命令，勾选物件锁点中的"端点"捕捉工具，通过捕捉六角星的六个端点绘制六条直线，结果如图 3-41 所示。

1. 绘制圆形

执行"圆：中心点、半径"命令，在前视图中绘制如图 3-43 所示的一大一小两个圆。

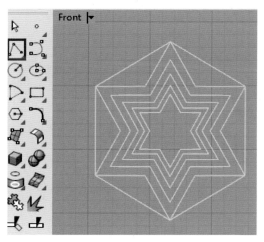

图 3-41　绘制直线

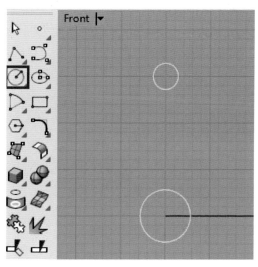

图 3-43　绘制圆形

3.10.2　几何图案

几何图案

图 3-42 所示的几何图案中有重复的 6 组图形元素，因此可考虑环形阵列。建模过程

2. 环形阵列小圆

勾选物件锁点中的"中心点"复选框，在"变动"工具箱中执行"环形阵列"命令，以大圆中心点为阵列中心，阵列出 6 个小圆，如图 3-44 所示。

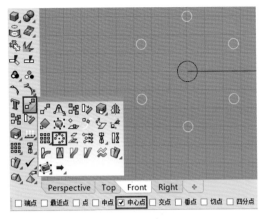

图 3-44　环形阵列小圆

3. 绘制切线

勾选物件锁点中的"切点"复选框,在"直线"工具箱中执行"直线:与两条曲线正切"命令,分别捕捉小圆左侧和大圆右侧的切点,绘制如图 3-45 所示的一条切线。

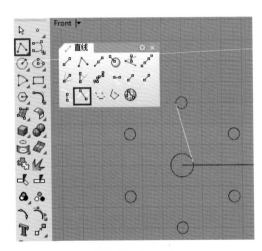

图 3-45　绘制切线

4. 阵列切线

勾选物件锁点中的"中心点"复选框,在"变动"工具箱中执行"环形阵列"命令,以大圆中心点为阵列中心,阵列出 6 条切线,如图 3-46 所示。

5. 绘制直线

勾选物件锁点中的"切点"和"垂点"

复选框,在"直线"工具箱中执行"直线:起点正切、终点垂直"命令,分别捕捉小圆左侧切点,以及相邻切线的垂点,绘制如图 3-47 所示的一条直线。

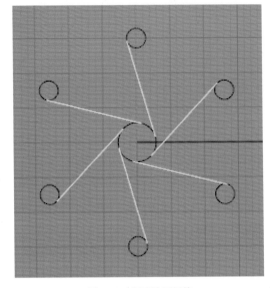

图 3-46　环形阵列切线

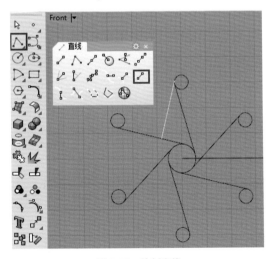

图 3-47　绘制直线

6. 阵列直线

勾选物件锁点中的"中心点"复选框,在"变动"工具箱中执行"环形阵列"命令,以大圆中心点为阵列中心,阵列出 6 条直线,如图 3-48 所示。

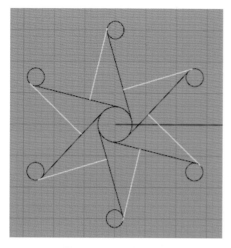

图 3-48　环形阵列直线

7. 绘制切线

勾选物件锁点中的"切点"复选框，在"直线"工具箱中执行"直线：与两条曲线正切"命令，分别捕捉两个小圆外侧的切点，绘制如图 3-49 所示的一条切线。

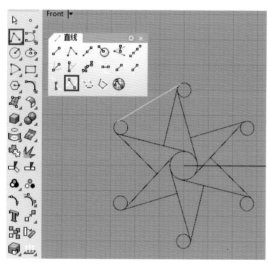

图 3-49　绘制切线

8. 阵列切线

勾选物件锁点中的"中心点"复选框，在"变动"工具箱中执行"环形阵列"命令，以大圆中心点为阵列中心，阵列出 6 条切线，如图 3-50 所示，完成几何图案的创建。

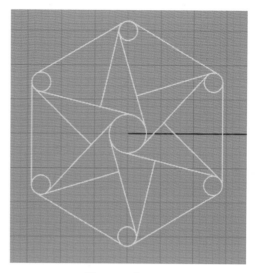

图 3-50　阵形切线

3.10.3　iPhone 5 手机二维图

该二维图形主要是由矩形、圆形和圆角矩形构成的，因此根据参数执行相应命令即可，如图 3-51 所示。

iPhone5 手机二维图

绘制过程中，注意要用到相对坐标的概念。

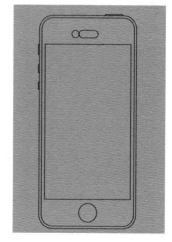

图 3-51　iPhone 5 手机二维图

1. 绘制圆角矩形

在"矩形"工具箱中执行"圆角矩形"命令，

在命令行输入矩形第一角的坐标值（0，0），第二角的坐标值（58.6，123.8），圆角半径8，创建出一个圆角矩形，如图3-52所示。

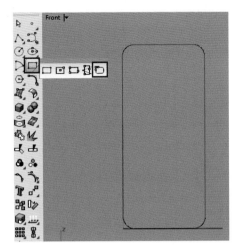

图 3-52　绘制圆角矩形

2. 偏移曲线

执行"曲线工具"工具箱中的"偏移曲线"命令，将圆角矩形向内偏移1.4，如图3-53所示。

图 3-53　偏移圆角矩形

3. 绘制圆形

执行"圆：中心点、半径"命令，在命令行输入圆心坐标值（29.3，9.2），半径5.5，绘制一个小圆，如图3-54所示。

4. 绘制矩形

执行"矩形：角对角"命令，在命令行输入矩形第一角的坐标值（3.4，17），第二角的坐标值（55.1，107.1），绘制一个矩形，如图3-55所示。

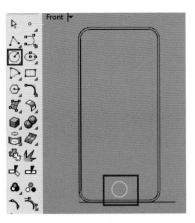

图 3-54　绘制圆形

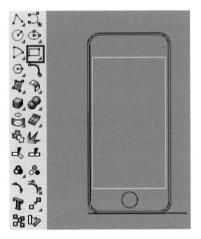

图 3-55　绘制矩形

5. 绘制圆形

执行"圆：中心点、半径"命令，在命令行输入圆心坐标值（21.3，113），半径2.2，绘制一个小圆，如图3-56所示。

图 3-56　绘制圆形

6. 绘制矩形

在"矩形"工具箱中执行"矩形：中心点、角"命令，在命令行输入矩形中心点坐标值（29.3，113），角与上步绘制的小圆基本相切，如图3-57所示。

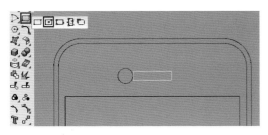

图 3-57　绘制矩形

7. 绘制圆角矩形

勾选物件锁点中的"端点"选项，然后执行"圆角矩形"命令，捕捉刚刚绘制的矩形的左下角和右上角的端点，并将圆角调节到最大，然后删除原来的矩形，如图3-58所示。

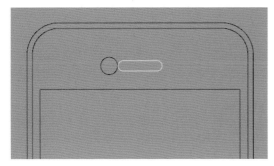

图 3-58　绘制圆角矩形

8. 绘制矩形

执行"矩形：角对角"命令，在命令行输入矩形第一角的坐标值（39.3，123.8），第二角的坐标值（@9.5，0.6），如图3-59所示。

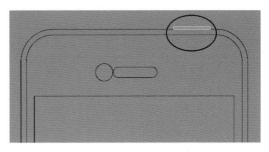

图 3-59　绘制矩形

9. 绘制侧面矩形

制作侧面3个按钮，执行3次"矩形：角对角"命令，在命令行分别输入三个矩形各角点的坐标值，从上往下，三个矩形的两角点坐标值分别为（0，106.9），（@-0.6，-6）；（0，95.3），（@-0.6，-4.8)；（0，85），（@-0.6，-4.8）。绘制结果如图3-60所示。

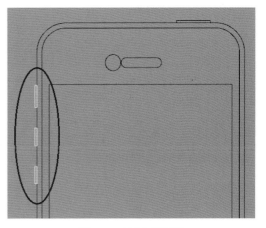

图 3-60　绘制侧面矩形

至此完成手机二维图的绘制。

本章作业

根据前面章节所学，完成以下图形的绘制：

1. 题图 1 命令提示：多边形、直线；修剪。

2. 题图 2 命令提示：圆、星形；修剪，环形阵列。

3. 题图 3 命令提示：圆；环形阵列、修剪。

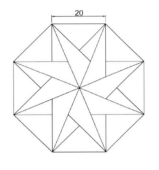

题图 1

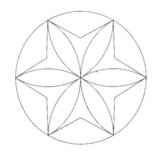

题图 2

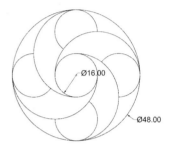

题图 3

第4章

点线编辑

本章主要介绍"点的编辑"工具箱和"曲线工具"工具箱中的主要命令。

4.1 点的编辑

在软件界面左侧主工具条"显示物件控制点"图标上按住鼠标左键，即可弹出"点的编辑"工具箱，如图 4-1 所示，该工具箱中共有 14 个点编辑的工具，以下主要介绍常用的几个。

4.1.1 显示 / 关闭物件控制点

在"点的编辑"工具箱中单击"显示物件控制点"图标，命令行提示"选取要显示控制点的物体："，在视图中选取物件，该物体的控制点即可显示出来，以便于下一步的编辑操作，如图 4-2 所示。在该图标上单击右键，即可关闭物件控制点。

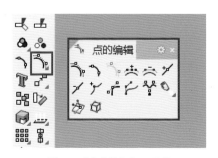

图 4-1 "点的编辑"工具箱

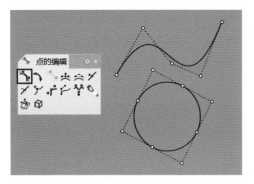

图 4-2　显示物件控制点

4.1.2　显示 / 关闭物件编辑点

　　该命令功能与上一个类似，区别在于上一个命令显示 / 关闭的是物件的控制点，而本命令显示 / 关闭的是物体的编辑点，显示结果如图 4-3 所示。

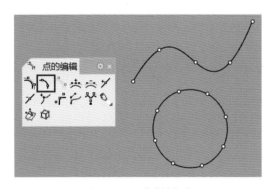

图 4-3　显示物件编辑点

4.1.3　插入一个控制点

　　在"点的编辑"工具箱中单击"插入一个控制点"图标，命令行提示"选取要插入控制点的曲线或曲面："，在视图中选取相应的曲线，命令行接着提示"曲线上要插入控制点的位置："，用鼠标在要插入控制点的位置单击，即可插入一个控制点；命令行会继续提示插入控制点，如果不需要继续，则回车确认，结束命令。插入控制点后，物体的

形态也随之发生变化，如图 4-4 所示。

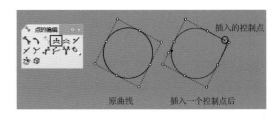

图 4-4　插入一个控制点

4.1.4　移除一个控制点

　　在"点的编辑"工具箱中单击"移除一个控制点"图标，命令行提示"选取要移除控制点的曲线或曲面："，在视图中选取相应的曲线，命令行接着提示"曲线上要移除的控制点："，用鼠标单击要移除的控制点，该控制点即被移除，且物体的形态也随之发生变化，如图 4-5 所示。

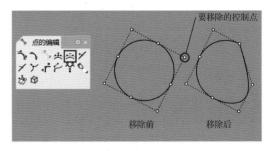

图 4-5　移除一个控制点

4.1.5　插入节点

　　在"点的编辑"工具箱中单击"插入节点"图标，命令行提示"选取要插入节点的曲线或曲面："，在视图中选取相应的曲线，命令行接着提示"曲线上要加入节点的位置："，用鼠标在要插入节点的位置单击，即可插入一个节点；命令行会继续提示插入节点，如果不需要继续，则回车确认，结束命令。插

入节点后，会发现，物体的形态从表面上看并没有发生变化，如图4-6所示。

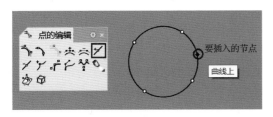

图4-6　插入节点

4.1.6　移除节点

在"点的编辑"工具箱中单击"移除节点"图标，命令行提示"选取要移除节点的曲线或曲面："，在视图中选取相应的曲线，命令

行接着提示"点选要移除的节点："，用鼠标在要移除的节点位置处单击，即可移除一个节点；命令行会继续提示移除节点，如果不需要继续，则回车确认，结束命令。移除节点后，会发现，物体的形态随之发生了变化，如图4-7所示。

图4-7　移除节点

4.2　曲线编辑工具

曲线工具主要用来对第3章创建的线和二维图形进行编辑，在软件界面左侧主工具条"曲线圆角"图标上按住鼠标左键，即可弹出"曲线工具"工具箱，如图4-8所示，该工具箱中共有37个曲线编辑的工具，以下主要介绍常用的一些工具。

图4-8　"曲线工具"工具箱

4.2.1　曲线圆角

曲线圆角命令用于在两条曲线之间增加一段切线弧，并且将曲线修剪或延伸到该弧上。在"曲线工具"工具箱中单击"曲线圆角"图标，命令行提示"选取要建立圆角的第一条曲线："，同时括号中有几个可以设置的选项，通常要对"半径"参数进行设置，以确定适当的圆角半径，单击选取第一条曲线后，命令行接着提示"选取要建立圆角的第二条曲线："，单击选取第二条曲线，曲线圆角则自动生成，如图4-9所示。

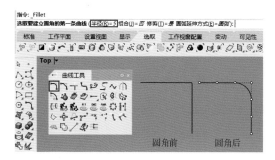

图 4-9　曲线圆角

4.2.2　曲线斜角

　　曲线斜角命令用于在两条曲线之间创建一条直线段，并且将曲线修剪或延伸到该直线段上。在"曲线工具"工具箱中单击"曲线斜角"图标，命令行提示"选取要建立斜角的第一条曲线："，同时括号中有几个可以设置的选项，通常要对"距离"参数进行设置，以确定适当的斜角大小，第一斜角距离和第二斜角距离可以相等，也可以不相等，设置好斜角距离并单击选取第一条曲线后，命令行接着提示"选取要建立斜角的第二条曲线："，单击选取第二条曲线，曲线斜角则自动生成，如图 4-10 所示。

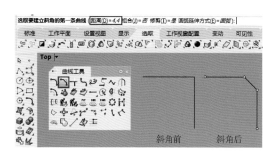

图 4-10　曲线斜角

4.2.3　全部圆角

　　全部圆角命令用于将多重曲线的所有转角一次性进行圆角化。在"曲线工具"工具

箱中单击"全部圆角"图标，命令行提示"选取要建立圆角的多重曲线："，用鼠标选取相应的多重曲线，确定后，命令行提示"圆角半径："，输入合适的圆角半径数值，确定后多重曲线即完成了全部圆角，如图 4-11 所示。

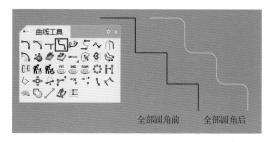

图 4-11　全部圆角

4.2.4　可调式混接曲线 / 快速曲线混接

　　可调式混接曲线命令用于在曲线和 / 或曲面边缘创建一条混接曲线，同时可控制原曲线和混接曲线之间的连续性。在"曲线工具"工具箱中单击"可调式混接曲线"图标，命令行提示"选取要混接的曲线："，用鼠标在第一条曲线要混接的边缘处单击；命令行接着提示"选取要混接的曲线："，用鼠标在第二条曲线要混接的边缘处单击，此时会弹出一个"调整曲线混接"的对话框，同时命令行提示"选取要调整的控制点："，通过调整控制点的位置和在对话框中进行设置，完成曲线混接，如图 4-12 所示。

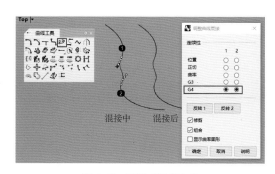

图 4-12　可调式混接曲线

在"调整曲线混接"对话框中出现了连续性的概念，在此简要介绍如下：

连续性用于描述两条曲线或两个曲面之间的关系，此处共有 5 种连续方式，连续性由低到高依次为：位置、正切、曲率、G3、G4。每一个等级的连续性都必须先符合所有较低等级的连续性要求。因此，可以简单地理解为：连续性等级越高，曲线之间的连接越光滑。

在"可调式混接曲线"图标上右击时，执行的是"快速曲线混接"命令，此时只需要按照命令行要求去选取第一条和第二条曲线，系统即自动完成曲线混接，不需要做任何调整。

4.2.5　弧形混接

弧形混接命令用于在两条曲线之间创建一条包含两个圆弧的混接曲线，创建的同时可调整混接曲线的端点和隆起。在"曲线工具"工具箱中单击"弧形混接"图标，命令行提示"选取第一条曲线的端点处："，用鼠标在第一条曲线要混接的边缘处单击；命令行接着提示"选取第二条曲线的端点处："，用鼠标在第二条曲线要混接的边缘处单击，此时两条曲线之间出现了一条混接曲线，同时命令行提示"选取要调整的弧形混接点："，以对混接曲线进行调整，如果不需调整，直接确认，则弧形混接完成，如图 4-13 所示。

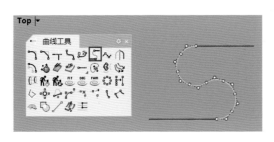

图 4-13　弧形混接

4.2.6　衔接曲线

衔接曲线命令用于改变一条曲线的端点，以匹配另一条曲线或曲面边缘，衔接的同时可以调整曲线两端的连续性。在"曲线工具"工具箱中单击"衔接曲线"图标，命令行提示"选取要更改的开放曲线 - 点选靠近要更改一端的端点处："，用鼠标选取曲线 1 要更改的端点处；命令行接着提示"选取要衔接的开放曲线 - 点选靠近要衔接一端的端点处："，用鼠标选取曲线 2 要衔接的端点处，这时会弹出"衔接曲线"对话框，在对话框中对衔接曲线两端的连续性进行设置，确定后完成曲线的衔接，如图 4-14 所示。

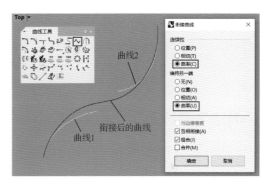

图 4-14　衔接曲线

4.2.7　对称

对称命令用于以指定的对称平面为中心对称复制一条曲线或一个曲面。在"曲线工具"工具箱中单击"对称"图标，命令行提示"选取曲线端点或曲面边缘："，用鼠标选取曲线端点；命令行接着提示"对称平面起点："单击界面下方"物件锁点"，勾选"端点"，捕捉曲线端点作为对称平面起点；命令行接着提示"对称平面终点："，用鼠标指定一个点作为终点，确定后完成对称，如图 4-15 所示。

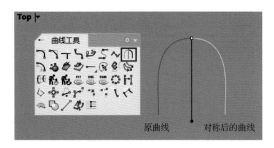

图 4-15　对称

4.2.8　偏移曲线 / 多次偏移

偏移曲线命令用于以设定的偏移距离，朝指定的偏移侧偏移复制曲线。在"曲线工具"工具箱中单击"偏移曲线"图标，命令行提示"选取要偏移的曲线："，此时可修改括号中的"距离"参数，用鼠标选取要偏移的曲线；命令行接着提示"偏移侧："，用鼠标在要偏移的曲线侧单击，完成曲线的偏移。该命令一次只能偏移一条曲线。

在图标上右击时，执行多次偏移命令，在操作过程中设置好"距离"和"偏移次数"后，一次可以偏移出多条曲线，如图 4-16 所示。

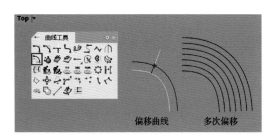

图 4-16　偏移曲线 / 多次偏移

4.2.9　延伸曲线

延伸曲线命令用于拉长或缩短曲线。在"曲线工具"工具箱中的"延伸曲线"图标上按住鼠标左键，即可打开"延伸"工具条，其上有 9 种延伸工具，现介绍最常用最普通的"延

伸曲线"，其他延伸命令的操作大同小异。

单击执行"延伸曲线"命令后，命令行提示"选取要延伸的曲线："，用鼠标在要延伸的端点处选取；命令行接着提示"延伸终点或延伸长度："，如果已知要延伸的长度，可在命令行输入数值，如果不确定，则用鼠标在视图中移动确定，完成曲线延伸，如图 4-17 所示。

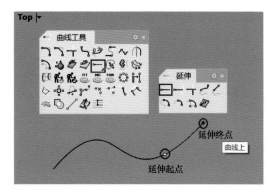

图 4-17　延伸曲线

4.2.10　调整封闭曲线的接缝

调整封闭曲线的接缝命令用于调整一个封闭曲线的接缝点，包括接缝点的方向和位置。在"曲线工具"工具箱中单击"调整封闭曲线的接缝"图标，命令行提示"选取要调整接缝的封闭曲线："，用鼠标在视图中选择封闭曲线，确定后命令行接着提示"移动曲线接缝点："，用鼠标在曲线上拖动调整接缝点，调整好后确定，完成操作，如图 4-18 所示。

图 4-18　调整封闭曲线的接缝

4.2.11 从断面轮廓线建立曲线

从断面轮廓线建立曲线命令可建立通过数条轮廓线的断面线。如图 4-19 所示，在视图中先绘制 4 条曲线作为轮廓线，然后在"曲线工具"工具箱中单击"从断面轮廓线建立曲线"图标，命令行提示"依序选取轮廓曲线："，在顶视图中按照顺序选取 4 条轮廓线；确认后命令行提示"断面线起点："，在图 4-20 所示的前视图中用鼠标单击一点作为起点，命令行提示"断面线终点："，用鼠标单击水平线上另一点作为终点，即从断面轮廓线建立了一条曲线。同样，可建立多条曲线，效果如图 4-21 所示。

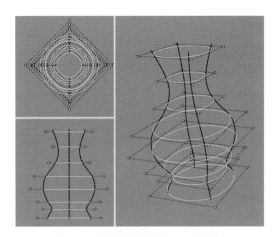

图 4-21　从断面轮廓线建立的多条曲线

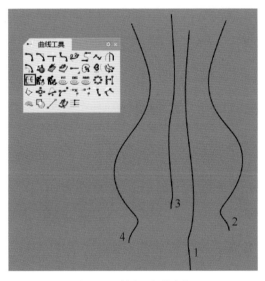

图 4-19　创建 4 条轮廓线

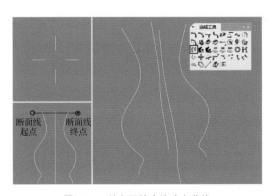

图 4-20　从断面轮廓线建立曲线

4.2.12 重建曲线

重建曲线命令用于以新的点数和阶数重建曲线。在"曲线工具"工具箱中单击"重建曲线"图标，命令行提示"选取要重建的曲线："，在视图中选取曲线，确定后弹出"重建"对话框，在对话框中设置新的点数和阶数，即可完成曲线的重建，如图 4-22 所示。

图 4-22　重建曲线

4.2.13 曲线布尔运算

曲线布尔运算命令基于多个曲线的交叠部分对曲线进行修剪、分割和添加。在视图中首先绘制两条封闭曲线，然后在"曲线工具"工具箱中单击"曲线布尔运算"按钮，命令行提示"选取曲线："，在视图中选取以

上绘制的两条曲线，确定后命令行提示"点
选要保留的区域内部："，在要保留的区域内
部点选确认后，即完成曲线的布尔运算，如
图 4-23 所示。

布尔运算中　　　　布尔运算后

图 4-23　曲线布尔运算

4.3　实例练习：盖碗茶杯

实例练习：盖碗茶杯

本实例通过创建一套盖碗茶杯（见图 4-24），
综合应用前面所学命令，以达到巩固和提高
的目的。该茶杯建模的重点和难点在于如何
创建和编辑好断面轮廓线，建模过程中主要
应用了曲线编辑的一系列命令，如偏移曲线、
重建曲线、混接曲线、衔接曲线、对称等，
编辑好后将轮廓线旋转成形即可。

图 4-24　盖碗茶杯

1. 放置背景图

在前视图中放置图 4-25 所示的背景
图片。

图 4-25　放置背景图片

2. 绘制曲线

根据背景图茶杯轮廓，用"控制点曲线"
命令绘制图 4-26 所示的曲线。

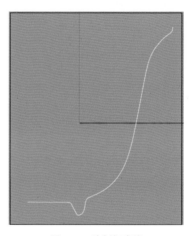

图 4-26　绘制杯廓线

3. 偏移曲线

执行"曲线工具"工具箱中的"偏移曲线"
命令，偏移出图 4-27 所示的内侧曲线，本例
中偏移距离为 0.3。

4. 炸开并修改曲线

执行左侧工具条上的"炸开"命令 ，
选择图 4-28 所示的内侧曲线，将其炸开为
图 4-28 所示的两条曲线。

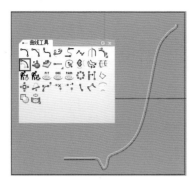

图 4-27　偏移曲线

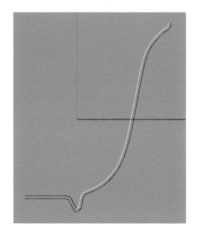

图 4-28　炸开曲线

选择炸开的一条曲线，单击左侧工具条上的"打开点"命令 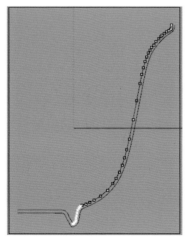，即可显示该曲线上的控制点，选择图 4-29 所示左下角的部分控制点，按 Del 键将其删除。对炸开的另一条曲线进行同样的处理，结果如图 4-30 所示。

图 4-29　删除部分控制点

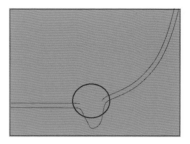

图 4-30　删除部分控制点

5. 重建曲线

选择炸开的右上部分曲线，执行"曲线工具"工具箱中的"重建曲线"命令，在打开的"重建"对话框中，修改曲线的点数为10，如图 4-31 所示。

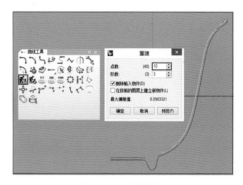

图 4-31　重建曲线

6. 混接曲线

执行"曲线工具"工具箱中的"可调式混接曲线"命令，在打开的"调整曲线混接"对话框中，默认连续性为"曲率"，在混接处适当调整控制点，使混接的曲线光滑自然，如图 4-32 所示。

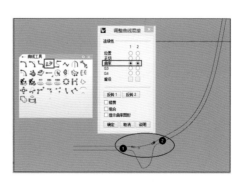

图 4-32　混接曲线 1

同样对内外曲线上方进行混接，如图4-33所示。

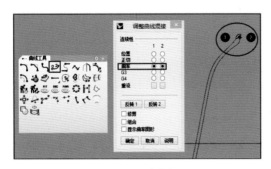

图4-33　混接曲线2

7.组合曲线

执行左侧工具条上的"组合"命令 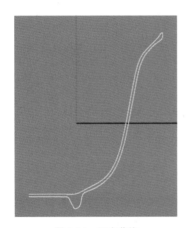，框选视图中的全部曲线，将其组合为一条曲线，如图4-34所示。

图4-34　组合曲线

8.对称曲线

执行"曲线工具"工具箱中的"对称"命令，根据命令行提示选择端点和对称平面起点，即可完成曲线对称，如图4-35所示。

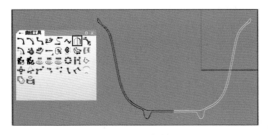

图4-35　对称曲线

9.衔接曲线

执行"曲线工具"工具箱中的"衔接曲线"命令，根据命令行提示选择衔接端点，并在"衔接曲线"对话框中进行相应设置，完成曲线衔接，如图4-36所示。

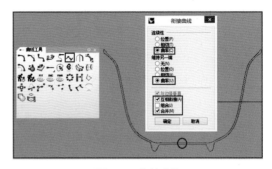

图4-36　衔接曲线

10.创建杯盖

用同样的方法创建和编辑杯盖轮廓线，结果如图4-37所示。

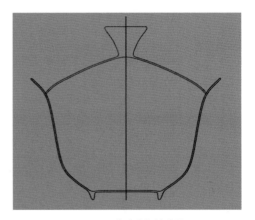

图4-37　盖碗茶杯轮廓线

11.旋转建面

执行"建立曲面"工具箱中的"旋转成形"命令，如图4-38所示，按命令行提示选择要旋转的曲线，并指定旋转轴和旋转角度360度，即可完成旋转建面，结果如图4-39所示。

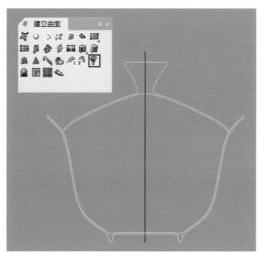

图 4-38　旋转建面

图 4-39　盖碗茶杯模型

12. 渲染模型

对模型进行渲染，效果如图 4-24 所示。

本章作业

根据本章所学知识，完成以下模型的创建：

1. 台灯：完成题图 1 所示台灯模型的创建。
2. 花瓶：完成题图 2 所示花瓶组模型的创建。

题图 1　台灯

题图 2　花瓶组

第5章

曲面创建

Rhino 是以 NURBS 为核心的曲面建模软件，这和其他实体建模有着本质的区别。NURBS，全称为 Non-Uniform Rational B-Splines，即非均匀有理 B 样条，它是一种基于数学函数来描绘曲线和曲面的方式，在构建自由形态的曲面方面具有灵活简单的优势，因此，在工业设计等领域得到了广泛的应用。曲面创建是 Rhino 的精髓，Rhino 提供了多种曲面创建的工具，本章将介绍这些工具。通过本章内容的学习，可以制作出高精度的曲面模型，以满足各种设计的需要。

在界面左侧主工具条的"指定三或四个

角建立曲面"图标上按住鼠标左键，即可弹出"建立曲面"工具箱，其中共包含 15 个曲面创建的工具，如图 5-1 所示。以下将介绍最常用的建模工具。

图 5-1 "建立曲面"工具箱

5.1 指定三或四个角建立曲面

在"建立曲面"工具箱中单击"指定

三或四个角建立曲面"图标，命令行即提

示"曲面的第一角:",此时可在命令行输入第一角的坐标值,或者用鼠标在视图中任意位置单击;接着命令行依次提示"曲面的第二角:""曲面的第三角:""曲面的第四角:",同上输入数据或用鼠标单击,即可通过三或四个角建立一个曲面,如图5-2所示。

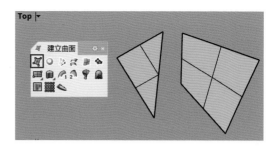

图5-2　指定三或四个角建立曲面

5.2　以平面曲线建立曲面

在"建立曲面"工具箱中单击"以平面曲线建立曲面"图标,命令行即提示"选取要建立曲面的平面曲线:",在视图选取平面曲线后,系统即自动创建一个曲面,如图5-3所示。这种建立曲面的方式比较简单,也比较实用。

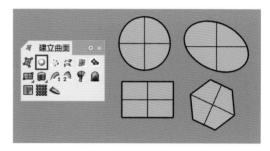

图5-3　以平面曲线建立曲面

5.3　从网线建立曲面

从网线建立曲面命令通过交叉曲线的网格来建立曲面,建面时,需要两个方向都有三条或以上的曲线才可。该命令使用非常频繁,不仅可以建面,更多的是用在需要补面的场合。

在使用该命令之前,首先在视图中创建一些网线,如图5-4中的黄色线条,然后在"建立曲面"工具箱中单击"从网线建立曲面"图标,命令行提示"选取网线中的曲线:",在视图中选取所有网线,确定后弹出一个"以网线建立曲面"对话框,在对话框中可对"公差"和"边缘设置"参数进行设置,确定后即创建了一个曲面,如图5-4所示。

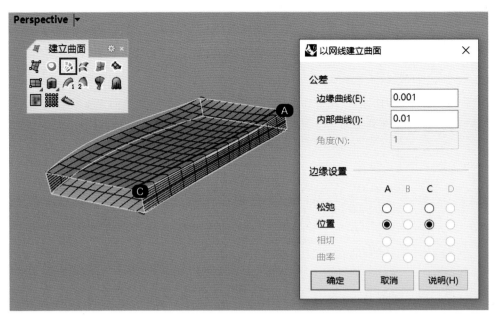

图 5-4　从网线建立曲面

5.4　放样

放样命令通过选定一系列相邻的断面曲线适配生成一个曲面。断面曲线可以是开放的，也可以是封闭的，但所有断面曲线必须一致。

在执行放样命令之前，首先要在视图中创建好要进行放样的断面曲线，然后在"建立曲面"工具箱中单击"放样"图标，命令行提示"选取要放样的曲线："，在视图中选取所有断面曲线，确定后弹出一个"放样选项"对话框，在对话框中可对"样式"和"断面曲线选项"参数进行设置，其中，"样式"下拉列表中有五种类型：标准、松弛、紧绷、平直区段和均匀。系统默认为"标准"，可通过分别选择其他样式，观察视图中放样曲面的效果，以决定采用哪种样式。"断面曲线选项"中，常用的选项是"重建点数"，根据建模需要输入适当的点数，确定后即放样创建了一个曲面，放样过程如图 5-5 所示，放样结果如图 5-6 所示。

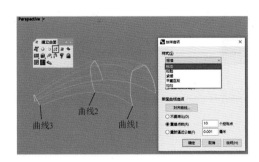

图 5-5　放样过程

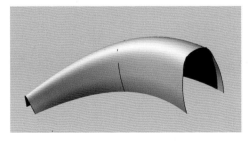

图 5-6　放样结果

5.5　以二、三或四个边缘曲线建立曲面

以二、三或四个边缘曲线建立曲面命令可通过二条、三条或四条选择的曲线创建一个曲面。在执行命令之前，首先在视图中创建好四个边缘曲线，然后在"建立曲面"工具箱中单击"以二、三或四个边缘曲线建立曲面"图标，命令行提示"选取 2、3 或 4 条开放的曲线："，在视图中选取 2、3 或 4 条开放的曲线，确定后即创建一个相应的曲面，如图 5-7 所示。

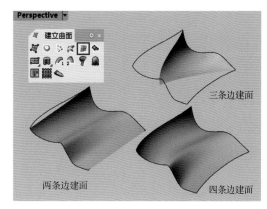

图 5-7　以二、三或四个边缘曲线建立曲面

5.6　嵌面

嵌面命令通过选定的曲线、网格、点和点云适配生成一个曲面，通常用在已知围成封闭的几条线的情况下将中间的面补起来，利用该工具可以创建很多比较复杂的曲面。

在应用该命令之前，首先在视图中创建图 5-8 所示的一个曲面和两个点，然后在"建立曲面"工具箱中单击"嵌面"图标，命令行提示"选取曲面要逼近的曲线、点、点云或网格："，在视图中选取曲面上边缘、点 1、点 2，确定后弹出"嵌面曲面选项"对话框，在对话框中对相关参数进行设置，通常主要设置"曲面的 U/V 方向跨距数"，设置结束确定后，嵌面完成，结果如图 5-9 所示。

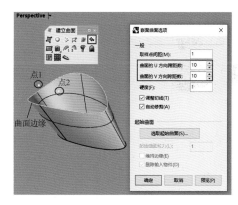

图 5-8　嵌面过程

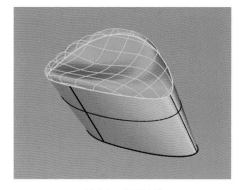

图 5-9　嵌面结果

5.7　矩形平面

矩形平面命令直接创建矩形平面曲面，该命令比较简单，创建方法与 3.7 中矩形的创建方法类似，只不过在这里创建的是矩形平面。在"建立曲面"工具箱中"矩形平面：角对角"图标上按住鼠标左键，会弹出"平面"工具条，其上有 7 个矩形平面创建工具，单击"矩形平面：角对角"命令后，创建出一个矩形平面，如图 5-10 所示，因矩形平面比较简单，应用也不多，在此不再赘述，读者可自行练习。

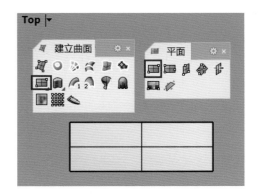

图 5-10　矩形平面：角对角

5.8　挤出

挤出是一种应用很频繁的建模方式，在"建立曲面"工具箱中"直线挤出"图标上按住鼠标左键，会弹出"挤出"工具箱，其上有 6 个挤出工具，分别为：直线挤出、沿着曲线挤出、挤出至点、挤出曲线成锥状、彩带和往曲面法线方向挤出曲线，如图 5-11 所示，下面将逐一介绍。

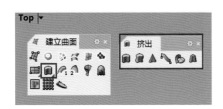

图 5-11　挤出工具

5.8.1　直线挤出

直线挤出命令通过让一条曲线沿着一条

直线路径挤出生成一个曲面。

在视图中绘制一条如图 5-12 所示的闭合曲线，单击"直线挤出"图标执行命令，命令行提示"选取要挤出的曲线："，在视图中选取绘制的曲线，确定后，命令行提示"挤出长度："同时括号内还有 6 个参数可供设置，如果不需设置，只需在命令行输入数值，或在视图中用鼠标拖拉出适当的长度，确定后完成直线挤出，挤出结果如图 5-13 所示。

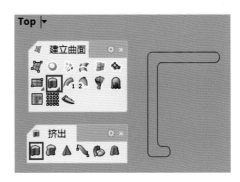

图 5-12　直线挤出

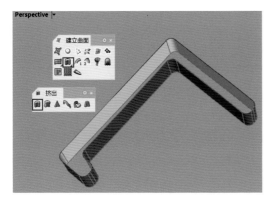

图 5-13　直线挤出结果

5.8.2　沿着曲线挤出

沿着曲线挤出命令通过让一条曲线沿着另一条曲线路径挤出生成一个曲面。

在视图中绘制如图 5-14 所示的两条曲线，单击"沿着曲线挤出"图标执行命令，命令行提示"选取要挤出的曲线："，在视图中选取挤出的曲线，确定后，命令行提示"选取路径曲线在靠近起点处："，在视图中偏下位置选取路径曲线，即生成挤出曲面，如图 5-14 右侧所示。

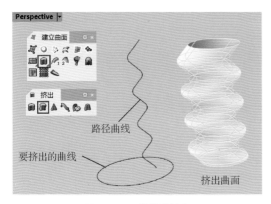

图 5-14　沿着曲线挤出

5.8.3　挤出至点

挤出至点命令用于将一条曲线挤出并收缩至一点。

在视图中绘制如图 5-15 所示的一条圆形曲线和一个点，单击"挤出至点"图标执行命令，命令行提示"选取要挤出的曲线："，在视图中选取圆形曲线，确定后，命令行提示"挤出的目标点："，在视图中捕捉绘制的点，即生成挤出至点曲面，如图 5-15 右侧所示。

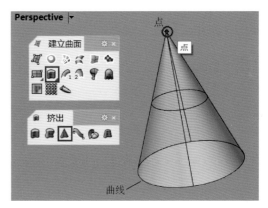

图 5-15　挤出至点

5.8.4　挤出曲线成锥状

挤出曲线成锥状命令用于直接挤出一条曲线，并以设定的拔模角度使之成锥状（上大下小或上小下大）。

在视图中绘制一条圆形曲线，在"挤出"工具箱中单击"挤出曲线成锥状"图标执行命令，命令行提示"选取要挤出的曲线："，在视图中选取圆形曲线，命令行接着提示"挤出长度："，同时可设置挤出方向、拔模角度等参数，确定后挤出生成锥状曲面，如图 5-16 所示。

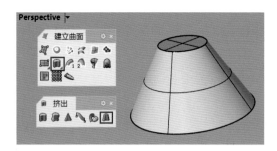

图 5-16 挤出曲线成锥状

5.8.5 彩带

彩带命令用于将一条曲线偏移出另一条，并在两条曲线之间形成一个规则的曲面，如同拉伸出一条彩带。

在视图中绘制一条曲线，在"挤出"工具箱中单击"彩带"图标执行命令，命令行提示"选取要建立彩带的曲线:"，在视图中选取曲线，命令行接着提示"偏移侧:"，同时设置偏移距离，确定后偏移出曲线，同时生成彩带，如图 5-17 所示。

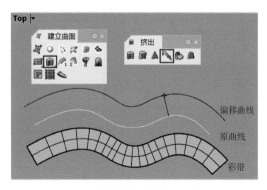

图 5-17　彩带

5.8.6 往曲面法线方向挤出曲线

往曲面法线方向挤出曲线命令用于沿着一个已有曲面的法线方向挤出一条曲线，使之生成曲面。该工具非常好用，特别是在一些弧面上做拉伸时，能够确保所拉伸出来的面和原有面始终保持垂直。

在视图中创建一个曲面，并在曲面上绘制一条曲线，在"挤出"工具箱中单击"往曲面法线方向挤出曲线"图标执行命令，命令行提示"选取曲面上的曲线:"，在视图中选取曲线；命令行接着提示"选取基底曲面:"，在视图中选取曲面；命令行接着提示"距离:"，并在曲面上指示出法线方向，此时输入距离值或用鼠标在视图中拖动合适的距离，即可创建一个沿着曲面法线方向的曲面，如图 5-18 所示。

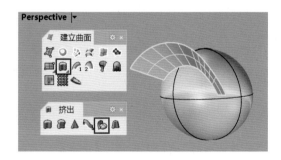

图 5-18　往曲面法线方向挤出曲线

5.9　单轨扫掠

单轨扫掠命令通过一系列断面曲线和一条路径曲线来适配生成一个曲面。在单轨扫掠过程中，断面曲线可以有一个或多个，但路径曲线只能有一条，故称单轨扫掠。它适用于比较规范的建模。

在视图中绘制一条路径曲线和三条断面曲线，并调整其相对位置后，在"建立曲面"工具箱中单击"单轨扫掠"图标执行命令，命令行提示"选取路径："，在视图中选取路径曲线，命令行接着提示"选取断面曲线："，在视图中依序选取三条断面曲线，命令行接着提示"移动曲线接缝点："，如果不需要移动或移动好后直接确定，此时会弹出"单轨扫掠选项"对话框，在对话框中可对相关参数进行设置，一般情况下默认即可，确定后

完成单轨扫掠，如图 5-19 所示。

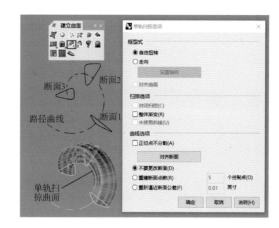

图 5-19　单轨扫掠

5.10　双轨扫掠

双轨扫掠和单轨扫掠有些类似，只不过双轨扫掠的路径曲线是两条，而不是一条，所以建出的曲面效果更加丰富。在双轨扫掠中，路径曲线有两条，断面曲线可以有一个或多个。

在视图中绘制两条路径曲线和两条断面曲线，并调整其相对位置后，在"建立曲面"工具箱中单击"双轨扫掠"图标执行命令，命令行提示"选取第一条路径："，在视图中选取第一条路径曲线；命令行接着提示"选取路径："，在视图中选取第二条路径；命令行接着提示"选取断面曲线："，在视图中选取断面曲线 1；命令行接着提示"选取断面

曲线："，在视图中选取断面曲线 2，确定后会弹出"双轨扫掠选项"对话框，在对话框中可对相关参数进行设置，一般情况下默认即可，确定后完成双轨扫掠，如图 5-20 所示。

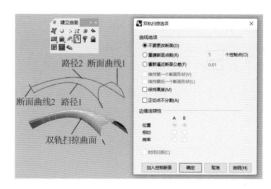

图 5-20　双轨扫掠

5.11 旋转成形

旋转成形命令通过将一个断面曲线绕着一个旋转轴生成一个曲面。该工具应用非常频繁，利用它可以做出很多规范的轴对称物体。

在视图中绘制一条断面曲线和一条旋转轴，并调整其相对位置后，在"建立曲面"工具箱中单击"旋转成形"图标执行命令，命令行提示"选取要旋转的曲线:"，在视图中选取断面曲线；确定后命令行提示"旋转轴起点:"，在视图中捕捉旋转轴起点；命令行提示"旋转轴终点:"，捕捉旋转轴终点；命令行提示"起始角度 <0> :"，确定后，命

令行提示"旋转角度 <360> :"，确定后完成旋转成形，如图 5-21 所示。

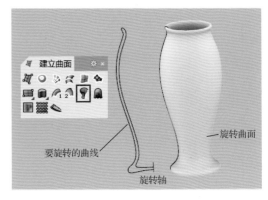

图 5-21　旋转成形

5.12 从两条曲线建立可展开放样

从两条曲线建立可展开放样命令类似于放样命令，在视图中绘制两条曲线，在"建立曲面"工具箱中单击"从两条曲线建立可展开放样"图标执行命令，命令行提示"选取两条曲线:"，在视图中选取两条曲线，即生成曲面，如图 5-22 所示。

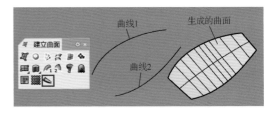

图 5-22　从两条曲线建立可展开放样

5.13 实例操作

在学习了软件的基本操作、曲线创建、曲线编辑、曲面创建之后，以下通过两个实

例操作来进一步巩固所学理论知识。

5.13.1 圆珠笔

圆珠笔

模型分析：圆珠笔（见图 5-23）是一种典型的轴对称物体，因此主体模型可用旋转成形的方法建立，笔夹部分用直线挤出命令，笔身各部分可用分割命令进行划分，最后分层管理各部分模型。

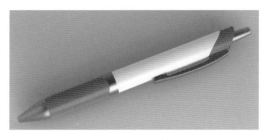

图 5-23　圆珠笔

主要命令：

曲线创建类：多重直线、控制点曲线

曲面创建类：旋转建面、嵌面、直线挤出、以平面曲线建立曲面

曲面编辑类：曲面圆角

编辑工具类：分割、复制边缘、反转方向、编辑图层、物件属性

具体操作步骤如下：

1. 放置背景图

新建一个文件，在顶视图中放置圆珠笔的背景图片，如图 5-24 所示。

图 5-24　背景图片

2. 绘制曲线

执行"多重直线"命令，勾选界面下方的"正交"选项，沿背景图水平中心绘制一条水平中心线；执行"控制点曲线"命令，参考背景图绘制图 5-25 所示的曲线。

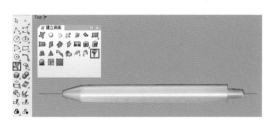

图 5-25　绘制中心线和轮廓线

3. 旋转建面

执行"建立曲面"工具箱中的"旋转成形"命令，将图 5-25 中的轮廓线绕着中心线旋转成曲面，如图 5-26 所示。

图 5-26　旋转成形

4. 创建分割曲线

执行"多重直线"和"控制点曲线"命令，参考背景图绘制图 5-27 所示的 5 条直线和曲线，用以分割圆珠笔曲面。

图 5-27　绘制分割线

5. 分割曲面

执行左侧主工具条上的"分割"┻命令，在命令行提示"选取要分割的物件"时，选择图 5-28 所示的两个旋转曲面作为要分割的曲面；在命令行提示"选取切割用物件"时，选择上步绘制的 5 条直线和曲线，分割完成，效果如图 5-29 所示。

图 5-28　选取要分割的物件

图 5-29　选取切割用物件

删除圆珠笔顶部多余曲面，效果如图 5-30 所示。

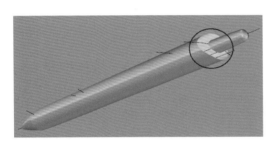

图 5-30　删除多余曲面

6. 嵌面

将鼠标移至工具条上的"投影曲线" 按钮上，长按鼠标，打开"从物件建立曲线"工具箱，执行其中的"复制边缘"命令，选择图 5-31 所示的黄色边缘，进行复制。

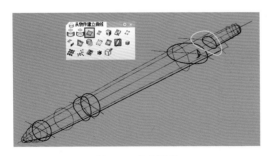

图 5-31　复制边缘

打开"建立曲面"工具箱，执行"嵌面"

命令，在打开的"嵌面曲面选项"对话框中，参数采用系统默认数值，如图 5-32 所示，确定后即完成对图 5-31 中复制出的曲线的嵌面工作，嵌面结果如图 5-33 所示。

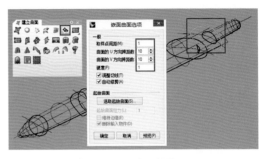

图 5-32　嵌面操作

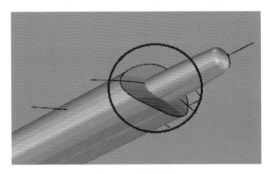

图 5-33　嵌面结果

7. 绘制笔夹曲线

执行"控制点曲线"命令，参考背景图绘制图 5-34 所示的笔夹曲线。

图 5-34　绘制笔夹曲线

8. 挤出曲面

打开"建立曲面"工具箱，执行图 5-35 所示的"直线挤出"命令，参考背景图中笔夹的宽度，创建一个挤出曲面。挤出效果如图 5-36 所示。

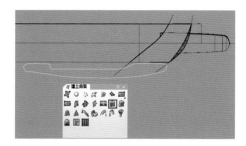

图 5-35　直线挤出操作

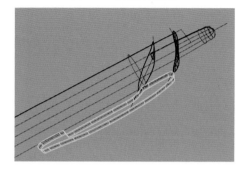

图 5-36　直线挤出曲面

9. 封闭曲面

打开"建立曲面"工具箱，执行"以平面曲线建立曲面"命令，选择图 5-37 所示黄色部分的曲面边缘，建立曲面，同样方法创建另外一侧的曲面，效果如图 5-38 所示。

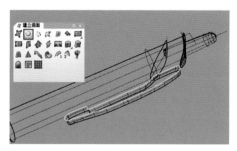

图 5-37　以平面曲线建立曲面

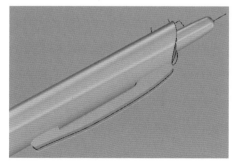

图 5-38　以平面曲线建立曲面

10. 曲面圆角

执行工具条上的"曲面圆角" 命令，按命令行提示修改"半径"参数为 0.2，选择图 5-39 所示的黄色曲面为建立圆角的第一个曲面，选择挤出的笔夹曲面为第二个曲面，完成曲面圆角，圆角效果如图 5-40 中黄色部分所示。

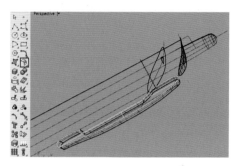

图 5-39　执行曲面圆角命令

此时，黄色表示曲面法线方向是反的，因此右击图 5-40 所示工具条上的"分析方向 / 反转方向"按钮，将曲面法线方向反转过来。

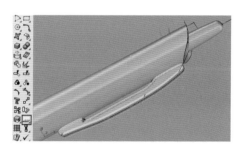

图 5-40　反转曲面法线方向

用同样的方法完成另一侧的曲面圆角。完成效果如图 5-41 所示。

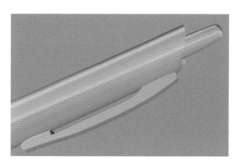

图 5-41　曲面圆角完成效果

11. 新建图层

单击标准工具栏上的"编辑图层"按钮，打开"图层"对话框，单击图层工具栏上的"新图层"按钮，新建4个图层，分别命名为"线""金属部分""白色部分""彩色部分"，并分别修改其颜色，如图5-42所示。

图5-42 新建图层

12. 分层管理模型

按住标准工具栏上的"全部选取"按钮，在弹出的"选取"工具箱中单击"选取曲线"按钮，则模型上的全部曲线被选中，如图5-43所示。

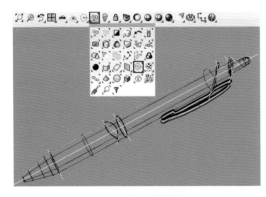

图5-43 选取全部曲线

单击标准工具栏上的"物件属性"按钮，在弹出的如图5-44所示的"属性"对话框中，单击"图层"后的下拉列表，在列表中选择"线"图层，则所选中的全部曲线被移动至

"线"图层。

图5-44 模型分层操作

用同样的方法，参考背景图，将模型的各个部分分别移动至其相应图层。着色效果如图5-45所示。

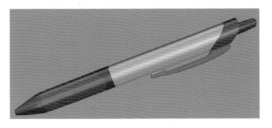

图5-45 模型着色效果

13. 渲染模型

参照背景图片，给模型各个部分分别赋予不同的材质，进行渲染，渲染效果如图5-23所示。

5.13.2 落地灯

落地灯

该落地灯（见图5-46）模型主要由三个部分组成：灯罩、支架和底座。灯罩和底座部分主要用放样命令建模，支架部分用的是单轨扫掠。

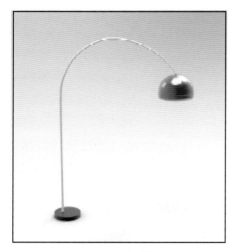

图 5-46　落地灯

主要命令：

曲面创建类：放样、单轨扫掠
曲面编辑类：偏移曲面
编辑工具类：弯曲
具体操作步骤如下：

5.13.2.1　放置背景图片

新建一个文件，单击 Right 标签右侧的向下箭头，然后在打开的快捷菜单中选择"背景图"，执行其下一级的"放置"命令，如图 5-47 所示。

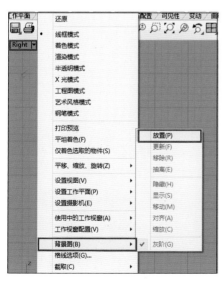

图 5-47　放置背景图操作

系统出现如图 5-48 所示的"打开位图"对话框，选择其中的"落地灯"图片，单击"打开"按钮，之后在 Right 视图中用鼠标拖拉出一个矩形框，将"落地灯"图片作为背景图放置在 Right 视图中，如图 5-49 所示。

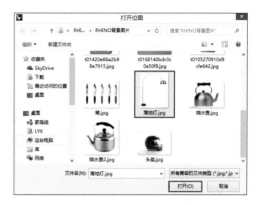

图 5-48　选择背景图片

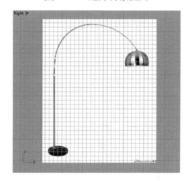

图 5-49　放置背景图片

5.13.2.2　创建灯罩模型

1. 绘制辅助线

将 Right 视图中的灯罩放大，执行"多重直线"命令，绘制图 5-50 所示的 4 条水平线，执行"单点"命令绘制图示最上面的一个点。

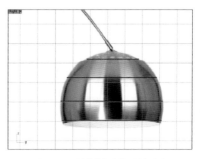

图 5-50　绘制辅助线和辅助点

2. 绘制圆

打开界面下方的"物件锁点",勾选"端点",将图 5-51 所示的每条直线端点作为直径,依次绘制图 5-51 所示的 4 个圆。

图 5-51 绘制 4 个圆形

3. 弯曲最下面的圆

执行"变动"工具箱中的"弯曲"命令,如图 5-52 所示。

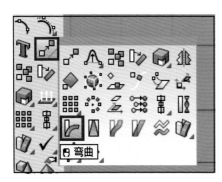

图 5-52 执行弯曲命令

当命令行出现"选取要弯曲的物体"时,在视图中选择图 5-53 所示的圆。

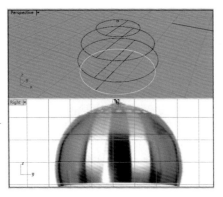

图 5-53 选取要弯曲的圆

当命令行出现"骨干起点"时,在右视图中利用物体锁点功能选择"中心点",如图 5-54 中红色部分所示。

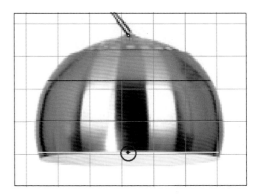

图 5-54 选取"骨干起点"

当命令行出现"骨干终点"时,在右视图中利用物体锁点功能选择"四分点",即将圆直径上的一点作为终点,如图 5-55 中红色部分所示。

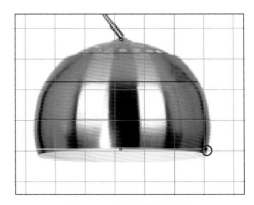

图 5-55 选取"骨干终点"

当命令行出现"弯曲的通过点"时,在右视图中将鼠标移动至背景图下边缘的一点,如图 5-56 中红色部分所示,即为弯曲的通过点。

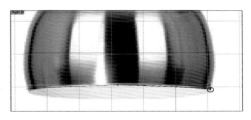

图 5-56 选取"弯曲的通过点"

最终弯曲效果如图 5-57 中黄色圆所示。

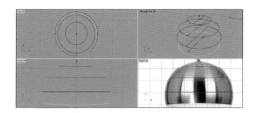

图 5-57 弯曲效果

4. 创建灯罩曲面

打开"建立曲面"工具箱，执行图 5-58 所示的"放样"命令，在视图中从上往下依次选择点和 4 个圆，确定后在弹出的"放样选项"对话框中，选择"标准"类型，确定后如图 5-59 所示，放样出的灯罩模型如图 5-60 所示。

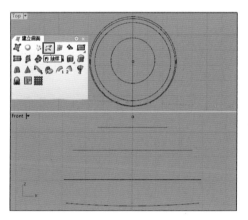

图 5-58 执行"放样"命令

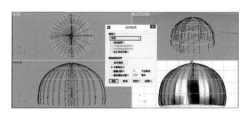

图 5-59 放样

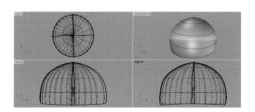

图 5-60 放样结果

5. 偏移灯罩曲面

执行"曲面工具" 中的"偏移曲面"命令，如图 5-61 所示。

图 5-61 执行"偏移曲面"命令

选择上步创建的灯罩曲面，如图 5-62 所示。

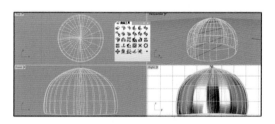

图 5-62 选择要偏移的曲面

在命令行将偏移距离修改为：距离 =0.1，如图 5-63 所示。

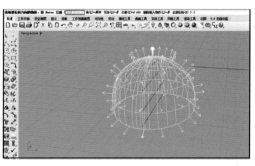

图 5-63 偏移曲面

偏移结果如图 5-64 所示。

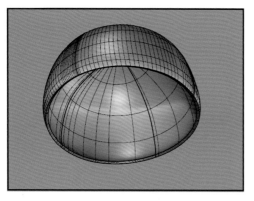

图 5-64　偏移结果

5.13.2.3　创建支架模型

1. 绘制支架曲线

执行"控制点曲线"命令，依照背景图，绘制支架轮廓线，如图 5-65 所示。注意利用"正交"命令，将曲线两端最末两个控制点绘制在一条竖线上。

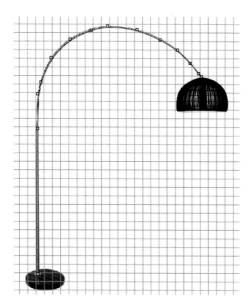

图 5-65　绘制支架轮廓线

2. 绘制轮廓圆

打开"圆"工具箱，执行图 5-66 所示的"圆：环绕曲线"命令，环绕图 5-65 中的曲线，在不同位置分别绘制 4 个直径不同的截面圆。

图 5-66　绘制截面圆

本例中，从灯罩到底座的 4 个小圆半径分别为 0.1，0.15，0.2，0.2，如图 5-67 所示。

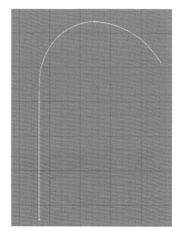

图 5-67　4 个截面圆

3. 单轨扫掠

执行"建立曲面"工具箱中的"单轨扫掠"命令，根据命令行提示选取路径和截面，进行单轨扫掠，扫掠结果如图 5-68 所示。

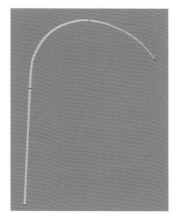

图 5-68　单轨扫掠

5.13.2.4 创建底座模型

1.绘制底座圆和点

显示背景图, 绘制一条如图 5-69 所示的辅助线。

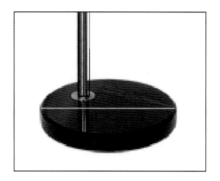

图 5-69 绘制辅助线

在顶视图中执行"圆: 直径"命令, 捕捉图 5-69 所绘制直线的两端点, 绘制一个圆, 如图 5-70 所示。

图 5-70 绘制圆

适当移动圆的位置, 并向下复制一个圆, 然后捕捉两个圆心, 绘制两个点, 如图 5-71 所示。

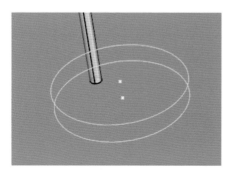

图 5-71 绘制圆和点

2.放样

在"建立曲面"工具箱中执行"放样"命令, 依次选择点、圆、圆、点, 进行放样, 在"放样选项"对话框中选择"平直区段", 如图 5-72 所示。底座放样结果如图 5-73 所示。

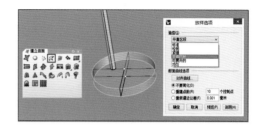

图 5-72 放样

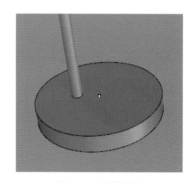

图 5-73 放样结果

5.13.2.5 模型管理

1.新建图层

执行"标准工具栏"上的"编辑图层"命令, 在打开的图层对话框中新建 4 个图层, 如图 5-74 所示, 分别放置建模过程中的曲线、灯罩模型、支架模型和底座模型, 并分别修改其颜色。

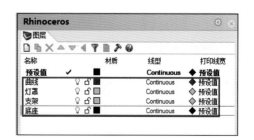

图 5-74 新建图层

2. 分层放置模型

执行"选取"工具箱中的"曲线"命令，则模型中的曲线被全部选中，如图5-75所示。

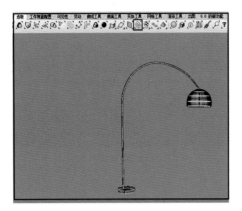

图5-75　选取全部曲线

单击"标准工具栏"上的"物件属性"按钮，在打开的"属性"对话框中，将"图层"设置为"曲线"，如图5-76所示，则图中所有选择的曲线将自动调整到"曲线"图层上。

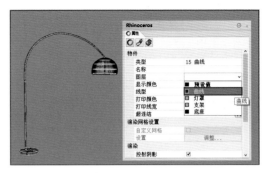

图5-76　分层管理

用同样的方法，分别将灯罩、支架和底座放置在各自图层中。

5.13.2.6　渲染模型

利用渲染工具，给灯罩、支架和底座分别赋予不同的材质，进行渲染，渲染效果如图5-46所示。

本章作业

根据本章所学知识，完成以下模型的创建（见题图1、题图2）。

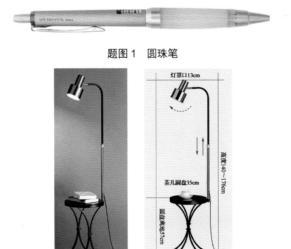

题图1　圆珠笔

题图2　落地灯

第**6**章

曲面编辑

曲面工具主要用来对曲面进行编辑，在软件界面左侧主工具条"曲面圆角"图标上按住鼠标左键，即可弹出"曲面工具"工具箱，如图 6-1 所示，该工具箱中共有 34 个曲面编辑的工具，通过对照图 4-8 的"曲线工具"和图 6-1 的"曲面工具"，会发现大部分的工具都是一样的，只是操作对象由"曲线"换成了"曲面"，因此，读者在学习时可以将"曲面工具"与"曲线工具"对照起来，就会比较容易理解和学习。以下主要介绍常用的一些曲面编辑工具。

图 6-1　"曲面工具"工具箱

6.1　曲面圆角

曲面圆角命令用于在两个曲面之间增加　　一段切面弧，并且将曲面修剪或延伸到该弧上。在"曲面工具"工具箱中单击"曲面圆角"图标，命令行提示"选取要建立圆角的第一个曲面："，同时括号中有几个可以设置的选项，通常要对"半径"参数进行设置，以确定适当的圆角半径，单击选取第一个曲面后；命令行接着提示"选取要建立圆角的第二个曲面："，单击选取第二个曲面，曲面圆角自动生成，如图 6-2 所示。

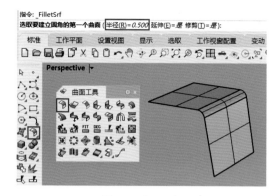

图 6-2　曲面圆角

6.2　曲面斜角

曲面斜角命令用于在两个曲面之间创建一个斜面，并且将曲面修剪或延伸到该斜面上。在"曲面工具"工具箱中单击"曲面斜角"图标，命令行提示"选取要建立斜角的第一个曲面："，同时括号中有几个可以设置的选项，通常要对"距离"参数进行设置，以确定适当的斜角大小，第一斜角距离和第二斜角距离可以相等，也可以不相等，设置好斜角距离并单击选取第一个曲面后；命令行接着提示"选取要建立斜角的第二个曲面："，单击选取第二个曲面，曲面斜角自动生成，如图 6-3 所示。

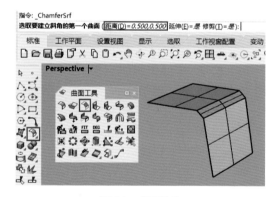

图 6-3　曲面斜角

6.3　不等距曲面圆角 / 斜角

不等距曲面圆角命令的功能与曲面圆角的功能类似，只不过曲面圆角命令做出的圆角是等距的，而不等距曲面圆角命令做出的圆角是不等距的。在"曲面工具"工具箱中单击"不等距曲面圆角"图标，命令行提示"选取要做不等距圆角的两个交集曲面之一："，在视图中选取第一个曲面；命令行接着提示"选取要做不等距圆角的第二个交集曲面："，在视图中选取第二个曲面，同时可以修改圆角半径，确定后命令行提示"选取要编辑的圆角控制杆"，视图中自动出现 2 个可编辑的圆角控制杆，此时，依次选取圆角控制杆 1 和 2，在命令行分别输入不同数值或用鼠标在视图中拖动以确定圆角数值；如果想改变控制杆数目，可在命令行括号中单击"新增控制杆"进行新增，通常采用默认值，一般会将括号中的"修剪并组合"设置为"是"，不等距曲面圆角效果如图 6-4 所示。

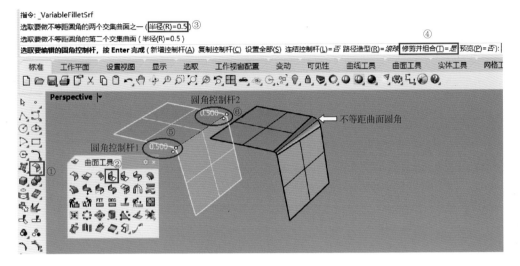

图 6-4　不等距曲面圆角

不等距曲面斜角命令与不等距曲面圆角命令功能类似，操作步骤也相同，只是将圆角更换成了斜角，效果如图 6-5 所示。

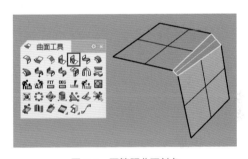

图 6-5　不等距曲面斜角

6.4　延伸曲面

延伸曲面命令通过移动一条曲面边缘来拉长或缩短曲面。单击"曲面工具"工具箱中的"延伸曲面"图标，命令行提示"选取要延伸的边缘："，用鼠标选取要延伸的边缘，命令行接着提示"延伸至点："，用鼠标在视图中移动确定一个点，完成曲面延伸，如图 6-6 所示。

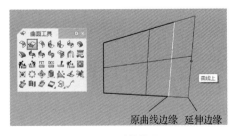

图 6-6　延伸曲面

6.5　混接曲面

混接曲面命令用于在两个曲面之间创建一个混接曲面。在"曲面工具"工具箱中单击"混接曲面"图标，命令行提示"选取第一个边缘："，用鼠标在第一个曲面要混接的边缘处单击；命令行接着提示"选取第二个边缘："，用鼠标在第二个曲面要混接的边缘处单击，此时两个曲面之间出现了一个混接曲面，并弹出一个"调整曲面混接"的对话框，同时命令行提示"选取要调整的控制点："，在对话框中主要对混接曲面的曲率连续情况进行选择，系统提供了5种连续性：位置、正切、曲率、G3、G4，本部分内容与4.2.4中介绍的曲线连续性相同，可在五种连续方式中进行选取，图示为"曲率"连续，确定之后完成曲面的混接，如图6-7所示。

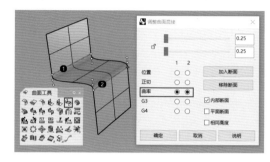

图 6-7　混接曲面

6.6　偏移曲面 / 不等距偏移曲面

偏移曲面命令用于以设定的偏移距离，朝指定的偏移侧偏移复制一个曲面或多重曲面。在"曲面工具"工具箱中单击"偏移曲面"图标，命令行提示"选取要偏移的曲面或多重曲面："，此时可修改括号中的"距离"等参数，用鼠标选取要偏移的曲面；命令行接着提示"选取要反转方向的物体："，用鼠标在要反转方向处单击，确定之后即完成曲面的偏移，如图6-8所示。

不等距偏移曲面与偏移曲面功能类似，只是偏移出的曲面与原曲面之间的距离可调整为不等距，单击图标执行命令后，命令行提示"选取要做不等距偏移的曲面："，选取曲面后，系统自动偏移出一个等距曲面，同时命令行提示"选取要移动的点："，此时在

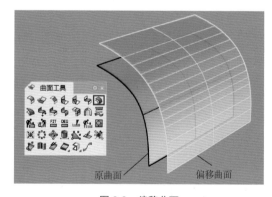

图 6-8　偏移曲面

原曲面与偏移曲面之间出现了4对顶点，通过拖动原曲面上的4个顶点，可调整两个曲面之间的间距，确定后完成不等距偏移曲面，如图6-9所示。

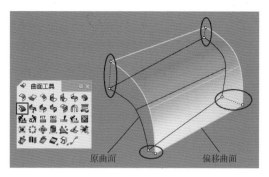

图 6-9　不等距偏移曲面

6.7　衔接曲面

衔接曲面命令用于调整一个曲面的边缘，令其以不同的连续方式匹配另一个曲面。在"曲面工具"工具箱中单击"衔接曲面"图标，命令行提示"选取要改变的未修剪曲面边缘:"，在图 6-10 中用鼠标选取曲面 1 要改变的边缘，命令行接着提示"选取要衔接的曲面或边缘:"，用鼠标选取曲面 2 要衔接的边缘，这时会弹出图 6-11 所示的"衔接曲面"对话框，在对话框中对衔接曲面两端的连续性进行设置，确定后完成曲面的衔接。

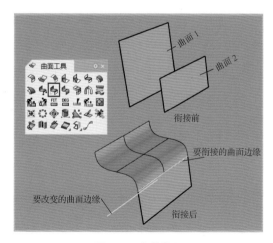

图 6-10　衔接曲面

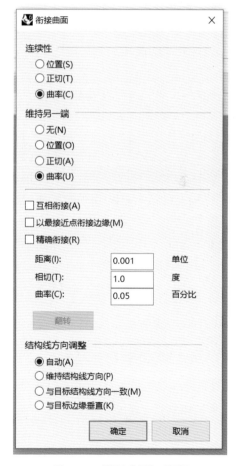

图 6-11　"衔接曲面"对话框

6.8　连接曲面

连接曲面命令用于延伸两个曲面的边缘，使其相会，并相互修剪。在"曲面工具"工具箱中单击"连接曲面"图标，命令行提示"选取要连接的第一个曲面边缘："，在视图中选取第一个曲面的边缘；命令行接着提示"选取要连接的第二个曲面边缘："，在视图中选取第二个曲面的边缘，两个曲面即被自动连接起来，如图6-12所示。

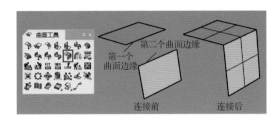

图6-12　连接曲面

6.9　对称

对称命令用于以指定的对称平面为中心对称复制一个曲面。在"曲面工具"工具箱中单击"对称"图标，命令行提示"选取曲线端点或曲面边缘："，用鼠标选取曲面边缘；命令行接着提示"对称平面起点："单击界面下方"物件锁点"，勾选"端点"，捕捉曲线端点作为对称平面起点；命令行接着提示"对称平面终点："，用鼠标指定一个点作为终点，

确定后完成对称，如图6-13所示。

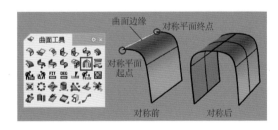

图6-13　对称

6.10　在两个曲面之间建立均分曲面

在两个曲面之间建立均分曲面命令用于在两个输入曲面之间建立数个均分的曲面。在"曲面工具"工具箱中单击"在两个曲面之间建立均分曲面"图标，命令行提示"选取起点曲面："，用鼠标选取一个曲面作为起

点曲面；命令行接着提示"选取终点曲面："，用鼠标选取另一个曲面作为终点曲面；此时，在两个曲面之间即自动出现了数个系统默认的曲面，通过在命令行修改"曲面的数目"，即可建立自己希望的曲面数目，如图6-14中

为 3 个曲面，确认后完成创建。

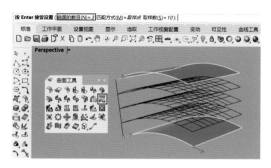

图 6-14　在两个曲面之间建立均分曲面

6.11　重建曲面

重建曲面命令用于以新的点数和阶数重建曲面。在"曲面工具"工具箱中单击"重建曲面"图标，命令行提示"选取要重建的曲线、挤出物体或曲面："，在视图中选取曲面，确定后弹出"重建"对话框，在对话框中设置新的点数和阶数，即可完成曲面的重建，如图 6-15 所示。

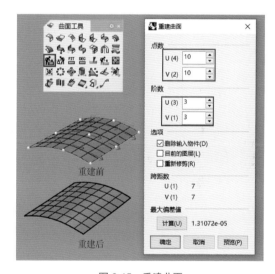

图 6-15　重建曲面

6.12　调整封闭曲面的接缝

调整封闭曲面的接缝命令用于调整一个封闭曲面的接缝，包括接缝的方向和位置。在"曲面工具"工具箱中单击"调整封闭曲面的接缝"图标，命令行提示"选取要调整

接缝的封闭曲面："，用鼠标在视图中选择封闭曲面，确定后命令行接着提示"调整曲面接缝："，用鼠标在曲面上拖动调整接缝，调整好后确定，完成操作，如图 6-16 所示。

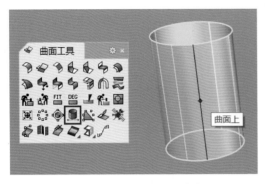

图 6-16　调整封闭曲面的接缝

6.13　实例演练

6.13.1　头盔

头盔

头盔（见图 6-17）是一种比较常见的日用产品，其模型整体性较强，因此采用了自顶向下的建模思路，即先建立起头盔的整体模型，然后对各个功能区域和装饰部分进行分割和细化处理。

图 6-17　头盔

主要命令：
曲面创建类：双轨扫掠
曲面编辑类：混接曲面
编辑工具类：分割、缩放、投影曲线

具体建模步骤如下：

1. 放置背景图

在 Left（左）视图中放置头盔的背景图，如图 6-18 所示。

图 6-18　放置背景图

2. 绘制椭圆和点

在左视图中头盔背景图下方绘制一条水平线，长度与头盔底部基本一致，在头盔顶部附近绘制一个点，如图 6-19 所示。

图 6-19　绘制辅助线和点

在顶视图中以刚刚绘制的水平线为直径，捕捉其两个端点绘制一个椭圆，如图 6-20 所示。

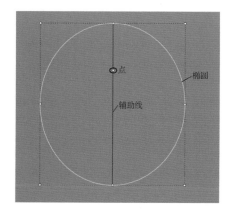

图 6-20　绘制椭圆

3. 绘制曲线

在左视图中捕捉点和椭圆的四分点，参考头盔背景图绘制头盔两侧的两条曲线，并适当调整使其光滑，如图 6-21 所示。

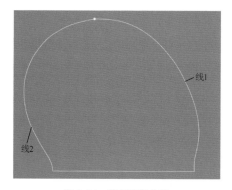

图 6-21　绘制两侧曲线

4. 双轨扫掠

执行"建立曲面"工具箱中的"双轨扫掠"命令，以点和椭圆为路径，以两条曲线为断面曲线，在打开的"双轨扫掠选项"对话框中，直接单击"确定"，完成头盔主体曲面的创建，如图 6-22 所示。

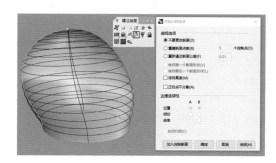

图 6-22　双轨扫掠

5. 绘制前部侧面轮廓线

执行"控制点曲线"命令，参考背景图，在左视图中绘制头盔侧面轮廓线，如图 6-23 所示。

图 6-23　绘制前部侧面轮廓线

6. 分割前部曲面

执行左侧工具条上的"分割"命令，选择头盔曲面作为"要分割的物件"，选择刚绘制的曲线作为"切割用物件"，进行曲面分割，分割后的效果如图 6-24 所示。此时可通过执行"组合"命令，将分割出的左右两侧小曲面组合为一个大曲面。

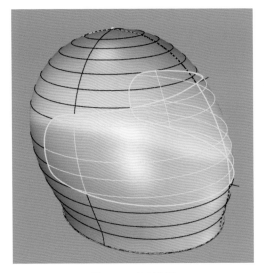

图 6-24 分割曲面

7. 缩放并混接曲面

执行"变动"工具箱中的"三轴缩放"工具，将上步分割出的曲面适当缩小，如图 6-25 所示。

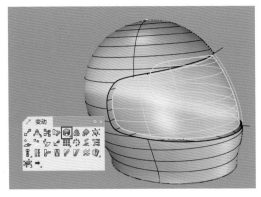

图 6-25 缩放曲面

执行"曲面工具"工具箱中的"混接曲面"命令，按照命令行提示选择混接曲面的边缘，在弹出的"调整混接曲面接缝"对话框中，适当调整混接曲率，确定后完成曲面混接，如图 6-26 所示。用同样的方法混接另一侧。

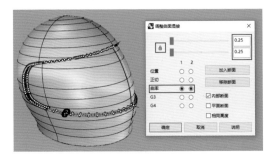

图 6-26 混接曲面

8. 分割护目镜部分

在左视图中参考头盔背景图片，绘制出护目镜轮廓曲线，并偏移出一条，如图 6-27 所示。用这两条曲线分割出头盔护目镜部分，如图 6-28 所示。

图 6-27 绘制分割曲线

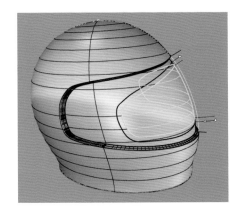

图 6-28 分割护目镜

9. 分割侧面装饰部分

用"多重直线"和"控制点曲线"命令

绘制图 6-29 所示的二维图形，并将其组合起来。选择该二维图形，执行左侧主工具条上的"投影曲线"命令，将其投影至前部曲面上，将会在两侧都投影出图形，结果如图 6-30 所示。用投影出的二维图形分割前部曲面，并将分割后的两侧曲面适当向外移动，与原曲面进行混接，另一侧用相同的方法操作，混接后的效果如图 6-31 所示。

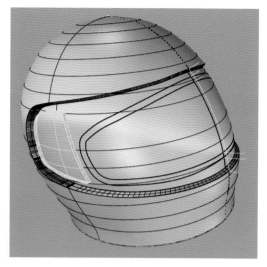

图 6-31　曲面混接

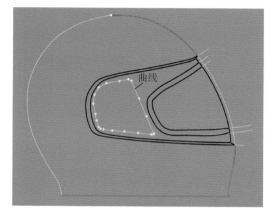

图 6-29　绘制二维图形

图 6-32　绘制分割曲线

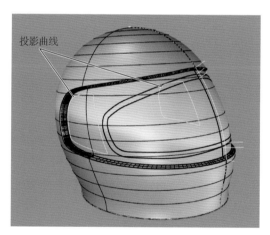

图 6-30　投影曲线

10. 分割装饰带

在左视图中参考背景图片，绘制图 6-32 所示的 5 条曲线作为装饰带分割线。

执行"分割"命令，用以上曲线分割头盔主体，分割效果如图 6-33 所示，将最下面选中的曲面删除。

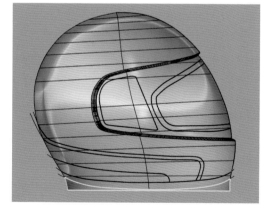

图 6-33　分割装饰带

11. 分割透气孔

参考左视图中的背景图，在前视图中绘

制图 6-34 所示的圆角矩形, 执行左侧工具条上的"投影曲线"命令 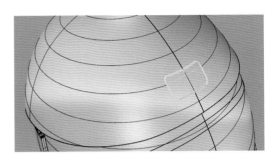, 将圆角矩形投影至头盔曲面上, 此时在头盔曲面前后各有一条投影曲线, 如图 6-35 所示, 将曲面后侧的投影曲线删除, 只保留前面的曲线。

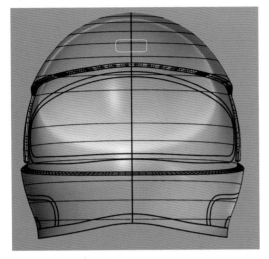

图 6-34　绘制圆角矩形

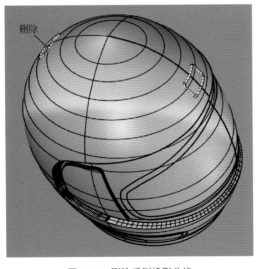

图 6-35　删除后侧投影曲线

然后, 用头盔前面的投影曲线分割头盔曲面, 若分割之后的矩形曲面是两半, 则可用"组合"命令将其组合为一个曲面, 并将其适当向后移动, 与头盔曲面进行混接, 混接后的效果如图 6-36 所示。

图 6-36　曲面混接

12. 分层管理模型

单击主工具栏上的"切换图层面板"命令, 根据模型情况, 建立图 6-37 所示的多个图层, 并适当修改图层颜色。

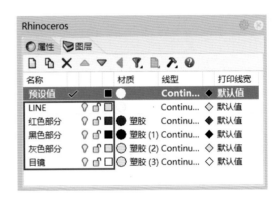

图 6-37　建立图层

在"选取"工具箱中单击"选取曲线"图标, 则建模过程中所有的曲线将全部被选中, 然后打开"物件属性"对话框, 在"图层"下拉列表中选择 LINE 图层, 如图 6-38 所示, 所选择的全部曲线即被移至 LINE 图层, 随后在"图层"选项卡中将 LINE 图层关闭, 视图中将不再显示曲线, 场景会很干净利落, 如果后续需要调整曲线, 打开 LINE 图层即可。

用同样的方法, 在视图中选择所有需要放置到红色部分图层的曲面, 将其移动至红色图层即可, 其他图层模型的操作相同。分层管理结果如图 6-39 所示。

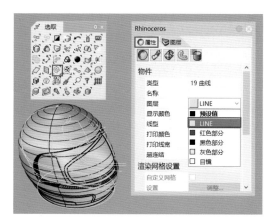

图 6-38　分层管理示例

图 6-39　分层管理结果

13. 渲染模型

在 Rhino 软件中给不同图层设置材质，初步渲染后的效果如图 6-39 所示，也可将模型导入到 Keyshot 等其他软件中，进行更加细致的渲染。

6.13.2　烧水壶

烧水壶

烧水壶（见图 6-40）是一款使用频繁的日用品，从结构上主要可分为壶体、壶盖、壶嘴和壶柄四部分。其中，壶体和壶盖是轴对称物体，因此可直接采用旋转成形工具建模；壶嘴可采用双轨扫掠；壶柄可在单轨扫掠之后稍加变形，从而完成模型的创建工作。

图 6-40　烧水壶

主要命令：

曲面创建类：旋转建面、双轨扫掠、单轨扫掠

曲面编辑类：重建曲面、曲面圆角、偏移曲面、混接曲面

编辑工具类：以结构线分割曲面、分析斑马纹

具体建模步骤如下：

6.13.2.1　壶体和壶盖模型

1. 放置背景图

在 Front（前）视图中放置烧水壶背景图片，并适当移动之，使其旋转中心与垂直坐标轴基本对齐，如图 6-41 所示。

图 6-41　放置背景图

2. 绘制曲线

利用"多重直线"命令绘制一条直线作为旋转中心，利用"控制点曲线"命令分别绘制壶盖提钮、壶盖和壶体侧面曲线，如图 6-42 所示。

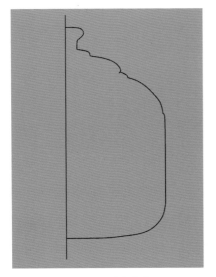

图 6-42　绘制曲线

3. 旋转建面

利用"建立曲面"工具箱中的"旋转成形"工具，将壶盖提钮、壶盖和壶体曲线旋转成曲面，如图 6-43 所示。

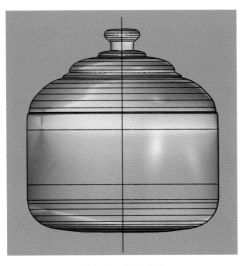

图 6-43　旋转成形

6.13.2.2　壶嘴模型

1. 绘制壶嘴侧面型线

执行"控制点曲线"命令，参考背景图片，绘制壶嘴侧面型线。

然后捕捉两条壶嘴型线的端点绘制一个截面圆；在另一端也绘制一个截面圆。注意：壶口小圆要在顶视图中绘制，与壶体连接的小圆要在右视图中绘制，而且要伸进壶体内。结果如图 6-44 所示。

图 6-44　绘制壶嘴侧面型线

2. 创建壶嘴曲面

利用"建立曲面"工具箱中的"双轨扫掠"工具，以两个圆为截面，以两个壶嘴型线为路径，进行双轨扫掠，效果如图 6-45 所示。

图 6-45　创建壶嘴曲面

注意：在双轨扫掠对话框中单击"加入控制断面"按钮，开启"垂点"捕捉模式，在壶嘴的转弯位置处适当加入一些控制断面，使其ISO线的走向自然，调整后的效果如图6-46所示。

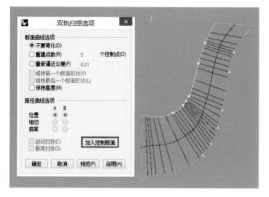

图6-46　加入控制断面

3. 重建曲面

执行"曲面工具"工具箱中的"重建曲面"工具，重建壶嘴曲面，设置U为20，如图6-47所示。

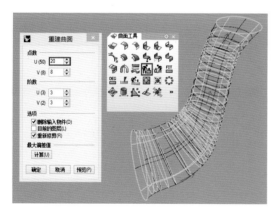

图6-47　重建曲面

4. 曲面圆角

执行"曲面工具"工具箱中的"曲面圆角"工具，设置适当的圆角半径后，对壶体和壶嘴曲面进行圆角处理，如图6-48所示。

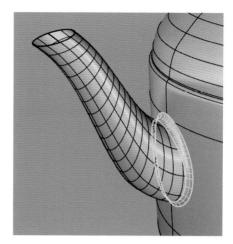

图6-48　曲面圆角

6.13.2.3　壶把手模型

1. 绘制曲线

利用"控制点曲线"命令，参考背景图在前视图中绘制壶把手曲线，如图6-49所示。

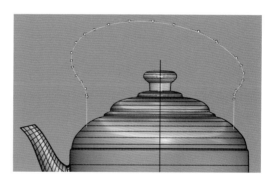

图6-49　绘制壶把手曲线

2. 绘制截面矩形

执行"矩形"工具条中的"圆角矩形"命令，在顶视图中绘制一个圆角矩形，绘制时捕捉壶柄曲线的一个端点作为圆角矩形的中心点，如图6-50所示。

3. 单轨扫掠

执行"建立曲面"工具箱中的"单轨扫掠"命令，按命令行提示选取壶柄曲线作为路径，选取圆角矩形作为断面曲线，进行单轨扫掠，结果如图 6-51 所示。

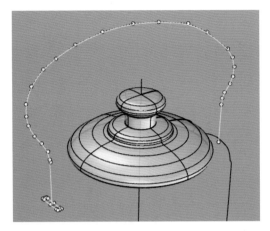

图 6-50　绘制截面矩形

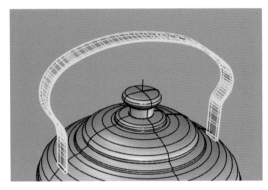

图 6-51　单轨扫掠

4. 分割曲面

在左侧工具条上的"分割"按钮上右击，即执行"以结构线分割曲面"命令，如图 6-52 所示，在命令行提示选取要分割的曲面时，选择壶柄曲面；随后命令行提示"分割点："时，选择"方向 =V"；然后在图 6-52 中红色圆圈所示的部分单击，即可将整个壶柄曲面分割成三部分。

5. 偏移曲面

执行"曲面工具"中的"偏移曲面"命令，选择分割后的壶柄中间曲面，向外进行偏移。此处设置偏移距离为 0.3，偏移后的效果如图 6-53 所示。

图 6-52　分割曲面

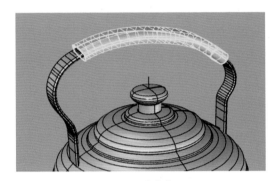

图 6-53　偏移曲面

6. 混接曲面

执行"曲面工具"中的"混接曲面"命令，将偏移出的曲面和原曲面进行曲面混接，用同样的方法处理另一端，如图 6-54 所示。

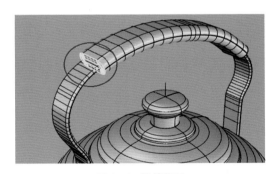

图 6-54　混接曲面

7. 曲面圆角

执行"曲面工具"工具箱中的"曲面圆角"命令，将壶柄曲面两端与壶体曲面相交处进行曲面圆角，效果如图 6-55 所示。

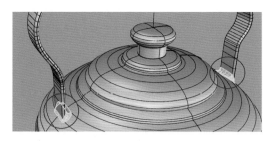

图 6-55　曲面圆角

6.13.2.4　分析曲面

执行菜单"分析"—"曲面"—"斑马纹"，根据提示选择水壶全部曲面，垂直方向的斑马纹情况如图 6-56 所示，同理可分析水平方向的斑马纹。

图 6-56　分析曲面

6.13.2.5　分层管理模型

在"标准"工具栏上单击"切换图层面板"命令，新建三个图层，其中一个图层放置水壶的金属部分，一个图层放置塑胶部分，还有一个图层放置建模过程中产生的曲线，如图 6-57 所示。在视图中选择对应的模型，将其分别放置在相应的图层上，并将"线"图层关闭，效果如图 6-58 所示。

6.13.2.6　渲染模型

在 Rhino 软件中设置图层材质后进行渲染，或将模型导入 Keyshot 等软件中进行渲染，渲染效果如图 6-40 所示。

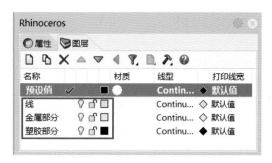

图 6-57　建立图层

图 6-58　模型分层管理

6.13.3　SIGG 水瓶

SIGG 水瓶

图 6-59　SIGG 水瓶

SIGG 水瓶（见图 6-59）模型结构共包括三大部分：瓶身、瓶盖和文字。其中，瓶身是轴对称模型，可用旋转成形命令创建；文字部分在创建文字曲线后，用其分割瓶身形成文字曲面；最复杂的是瓶盖部分，综合应用了旋转成形、挤出曲面、分割等命令。

主要命令：

曲面创建类：旋转建面、挤出曲面

曲面编辑类：混接曲面、曲面圆角。

编辑工具类：分割、修剪、组合、投影。

具体创建步骤如下：

6.13.3.1 瓶盖制作

1. 绘制瓶盖的截面线

单击左侧工具条中的"多重直线"命令，在前视图中绘制图 6-60 左所示曲线；然后单击左侧工具条中的"曲线圆角"命令，分别设置适当的圆角半径，将上下拐角处倒圆，效果如图 6-60 右所示。

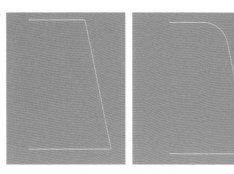

图 6-60　绘制瓶盖曲线

2. 旋转建面

执行"建立曲面"工具箱中的"旋转成形"命令，以图 6-61 中的曲线作为要旋转的曲线，打开状态栏的"物体锁点"，捕捉两个"端点"

作为旋转轴起点，旋转 360 度完成瓶盖模型的创建。

图 6-61　旋转成形

3. 分割瓶盖

在前视图中利用"控制点曲线"命令绘制图 6-62 所示的曲线，并调整光滑。

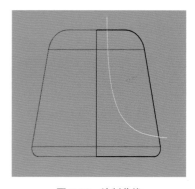

图 6-62　绘制曲线

接着执行"变动"工具箱中的"镜像"命令，以垂直轴为镜像轴，镜像图 6-62 中的曲线，镜像结果如图 6-63 所示。

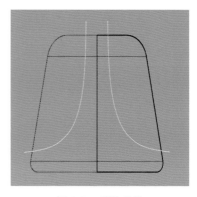

图 6-63　镜像曲线

然后执行"建立曲面"工具箱中的"挤出"命令，在命令行"挤出长度"中单击"两侧＝是"，即从中间向两侧同时挤出，挤出曲面如图 6-64 所示。注意：曲面挤出长度要超出瓶盖。

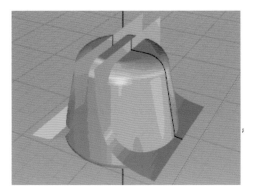

图 6-64　挤出曲面

此时会发现，有一侧挤出曲面的方向是反的，因此用鼠标右击左侧工具条上的"反转方向"按钮，选择要反转的曲面，将其法线方向反转过来。

单击左侧工具条上的"分割"按钮，命令行提示"选取要分割的物件："，在场景中选择瓶盖主体，如图 6-65 所示，单击确定。

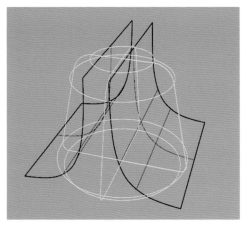

图 6-65　选取要分割的物件

命令行接着提示"选取切割用物件："，在场景中选择两侧两个挤出曲面，如图 6-66 所示，单击确定。

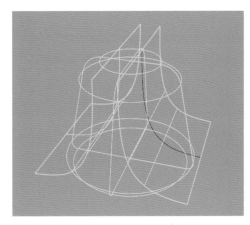

图 6-66　选取切割用物件

此时，分割完成，选择两个挤出曲面外侧的曲面，如图 6-67 所示，将其删除，删除后的效果如图 6-68 所示。

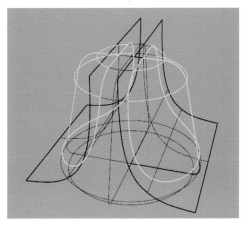

图 6-67　选取要删除的曲面

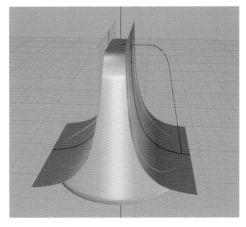

图 6-68　删除曲面

4. 修剪曲面

单击左侧工具条上的"修剪"按钮 ⌐，命令行提示"选取切割用物件:"，在场景中选择瓶盖主体，如图 6-69 所示，单击确定。

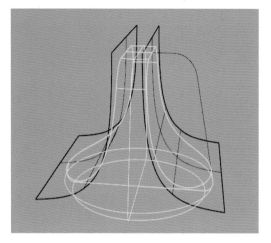

图 6-69　选取切割用物件

然后，命令行出现提示"选取要修剪的物体:"，此时，用鼠标在两个挤出曲面的边缘处单击，其多余部分即被修剪掉，修剪后的效果如图 6-70 所示。

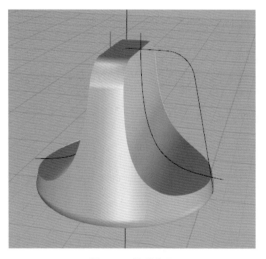

图 6-70　修剪曲面

5. 瓶盖钻孔

在右视图中绘制一个圆，如图 6-71 所示。

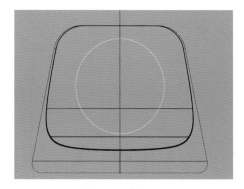

图 6-71　绘制圆形

在场景中选择图 6-72 所示的 3 个曲面，执行左侧工具条上的"组合"命令 ⬢，将其组合为一个曲面。

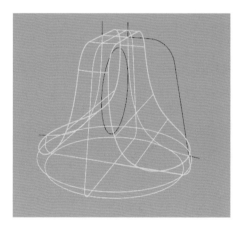

图 6-72　组合曲面

单击左侧工具条上的"分割"按钮 ⬚，命令行提示"选取要分割的物件:"，在场景中选择瓶盖主体，如图 6-73 所示，单击确定。

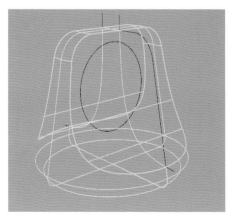

图 6-73　选取要分割的物件

命令行接着提示"选取切割用物件:"，在场景中选择"圆"曲线，如图 6-74 所示，单击"确定"。

完成后，单击"确定"，此时即在原孔洞处增加了一个混接曲面，如图 6-78 所示。

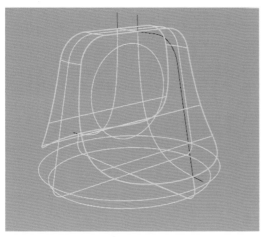

图 6-74　选取切割用物件

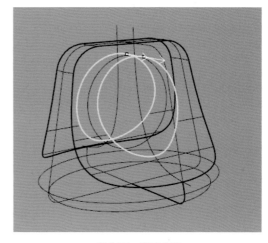

图 6-76　混接曲面

执行分割命令后，瓶盖曲面即被分割成了 3 个曲面，选择图 6-75 左图所示的两个曲面，将其删除，此时在瓶盖中间形成一个孔洞，如图 6-75 右图所示。

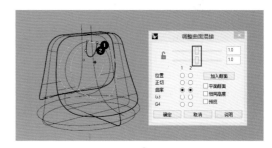

图 6-77　混接曲面

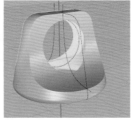

图 6-75　删除多余曲面

6. 混接曲面

执行"曲面工具"工具箱中的"混接曲面"命令，在命令行提示"选取第一个边缘的第一段:""选取第二个边缘的第一段"，先后选取图 6-76 所示的两条曲线分别作为第一个边缘和第二个边缘。

确定之后系统弹出图 6-77 所示的"调整曲面混接"对话框，在对话框中通过拖动两个滑块的位置来改变混接曲面的曲率，调整

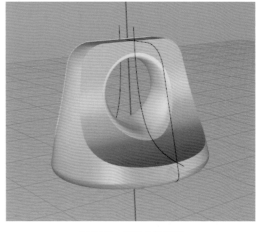

图 6-78　混接曲面效果

利用"反转方向"命令将以上混接曲面方向反转过来，效果如图 6-79 所示。

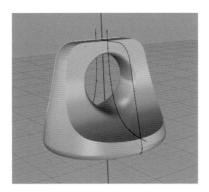

图 6-79　反转曲面方向

7. 曲面圆角

在左侧工具条上单击"曲面圆角"图标，命令行出现提示"选取要建立圆角的第一个曲面："，在视图中选择图 6-80 中黄色部分所示的曲面，并设置合适的半径；命令行接着出现提示"选取要建立圆角的第二个曲面："，此时在视图中选择图 6-81 所示的黄色部分曲面，则完成曲面圆角，完成效果如图 6-82 所示。

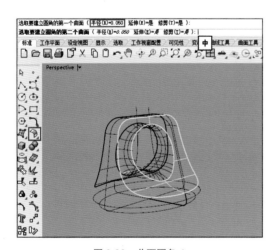

图 6-80　曲面圆角 1

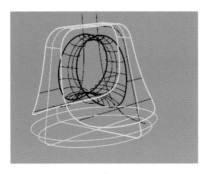

图 6-81　曲面圆角 2

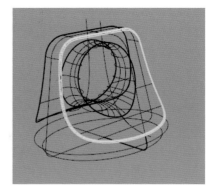

图 6-82　曲面圆角效果

用同样的方法对瓶盖另一侧进行曲面圆角处理，最终效果如图 6-83 所示，瓶盖部分的建模完成。

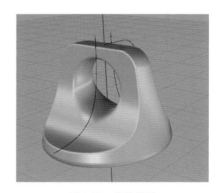

图 6-83　瓶盖模型

6.13.3.2　瓶身制作

1. 绘制瓶身轮廓线

利用"控制点曲线"命令绘制图 6-84 所示的曲线作为瓶身轮廓线。

图 6-84　绘制瓶身轮廓线

2. 旋转成形

执行"建立曲面"工具箱中的"旋转成形"命令,命令行提示"选取要旋转的曲线:",在视图中选择刚刚绘制的瓶身曲线,单击确定;然后在状态栏"物件锁点"打开的情况下,勾选"端点",通过捕捉端点的方式选择图6-84所示的垂直中心线作为旋转轴,完成旋转建面,效果如图6-85所示。

图6-85 瓶身模型

6.13.3.3 瓶身文字

1. 绘制文字曲线

单击左侧主工具条上的"文字物件"按钮 🍾 ,打开图6-86所示的"文字物件"对话框,在对话框中输入瓶身标志"SIGG",并设置相应的字体、文字类型、文字大小等参数之后,单击确定,即可创建出瓶身标志文字,用同样的方法创建出文字右上角的十字标志,调整位置和大小后,效果如图6-87所示。

图6-86 绘制文字曲线

图6-87 文字效果

2. 投影文字

执行"变动"工具条上的"移动"命令 💠 ,将上步创建的文字移到瓶身下方正中位置,如图6-88所示。

图6-88 移动文字

单击左侧工具条上的"投影曲线"按钮 📥 ,在命令行提示"选取要投影的曲线或点物体:",在视图中选择上面的文字;命令行接着提示"选取要投影至其上的曲面、多重曲面和网格",在视图中选择瓶身曲面,确定之后文字即投影在瓶身两侧的曲面上,如图6-89所示。

图6-89 投影文字

删除一侧的文字投影，只保留另一侧投影，如图 6-90 所示。

图 6-90　删除一侧投影文字

3. 用文字分割瓶身

单击左侧工具条上的"分割"按钮，命令行出现提示"选取要分割的物件:"，在视图中选择瓶身；命令行接着提示"选取切割用物件:"，在视图中选择瓶身的投影文字，确定之后即完成用文字分割瓶身的过程，如图 6-91 所示。

图 6-91　文字分割瓶身

6.13.3.4　模型分层

1. 建立图层

单击标准工具上的"切换图层面板"按钮 ，在打开的图层对话框中新建 3 个图层，分别命名为"文字""曲线""水瓶"，同时修改其颜色，如图 6-92 所示。

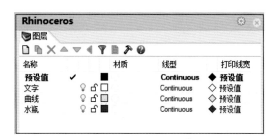

图 6-92　新建图层

2. 分层管理模型

执行"选取"工具箱中的"选取曲线"按钮，视图中的所有曲线即被选中，然后单击标准工具栏上的"物件属性"按钮，在打开的"属性"对话框中，单击"图层"后的下拉列表，在其中选择"曲线"，即可将当前选中的全部曲线移动至"曲线"图层，如图 6-93 所示。

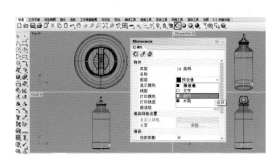

图 6-93　图层管理

此时打开"图层"对话框，将"曲线"图层关闭，如图 6-94 所示，则视图中所有的曲线将不可见。

图 6-94　关闭"曲线"图层

用同样的方法，分别将文字曲面移动至"文字"图层，将瓶盖和瓶身移动至"水瓶"图层。

6.13.3.5　渲染模型

对模型进行渲染，渲染效果如图 6-59 所示。

本章作业

1. 根据本章所学知识，参考题图 1 产品图片，完成头盔模型的创建。

题图 1

2. 根据本章所学知识，参考题图 2 产品图片，完成烧水壶模型的创建。

题图 2

第 7 章
实体创建

Rhino 是一款基于 NURBS 的曲线曲面建模软件，因此在三维实体建模方面功能并不强。在实际建模中，单纯用实体来进行操作的情况比较少，更多的是两种情况：一是用实体进行大概建模，然后将其炸开后得到曲面，再进行调节；二是利用实体倒角的方便性和易用性，在把很多曲面转换为实体后，直接利用实体倒角实现快速倒角的目的。

本章将简要介绍实体的创建方法。

7.1　创建标准体

标准体是 Rhino 软件自带的一些标准基本体，用户可通过"建立实体"工具面板中的工具直接创建这些标准体，也可通过单击"实体工具"选项卡或者通过"实体"主菜单来执行相关实体创建命令。

在界面左侧主工具条上的"立方体"图标上按住鼠标左键，打开"建立实体"工具箱，工具箱中共有 14 种工具，前面 13 种为标准实体，它们分别是立方体、圆柱体、球体、椭圆体、抛物面锥体、圆锥体、平顶锥体、棱锥、平顶棱锥、圆柱管和环状体，如图 7-1所示。以下介绍这些标准体的创建方法。

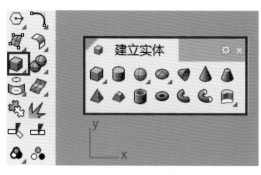

图7-1 "建立实体"工具箱

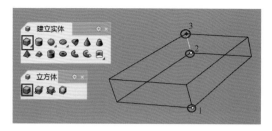

图7-3 创建立方体

"立方体"工具箱中的其他3种工具不太常用，在此不再赘述。

7.1.1 立方体

在"建立实体"工具箱中的"立方体"图标上按住鼠标左键，即可打开"立方体"工具箱，其上有4种创建立方体的工具，如图7-2所示。

图7-2 "立方体"工具箱

在"立方体"工具箱中单击第一个图标"立方体：角对角、高度"，命令行提示"底面的第一角："，此时可在命令行输入坐标值，或者在视图中用鼠标单击一点作为底面的第一角；命令行接着提示"底面的另一角或长度："，同样输入数值或单击另一角；命令行接着提示"高度，按Enter套用宽度："，输入数值或单击或回车套用宽度，即可创建一个立方体（注：由于Box翻译的原因，这里的立方体其实是指长方体），如图7-3所示。

7.1.2 圆柱体

在"建立实体"工具箱上单击"圆柱体"图标，命令行提示"圆柱体底面："，此时可输入底面圆心数值或在视图中单击一点作为底面圆心；命令行接着提示"半径："，同样可输入半径数值或单击确定；命令行接着提示"圆柱体端点："，通过输入数值或移动鼠标确定圆柱体的高度，完成圆柱体的创建，如图7-4所示。

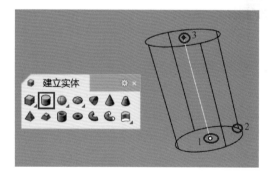

图7-4 创建圆柱体

7.1.3 球体

1. 球体：中心点、半径

在"建立实体"工具箱中的"球体"图

标上按住鼠标左键，即可打开"球体"工具箱，其上有 7 种创建球体的工具，如图 7-5 所示。

图 7-5 "球体"工具箱

在"球体"工具箱中单击第一个图标"球体：中心点、半径" 🔵，命令行提示"球体中心点："，此时可在命令行输入点的坐标值，或者在视图中用鼠标单击一点作为球体中心点；命令行接着提示"半径："，同样输入半径数值或单击确定半径，即可创建一个球体，如图 7-6 所示。

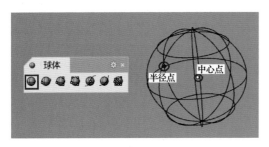

图 7-6 创建球体

2. 球体：环绕曲线

在"球体"工具箱中单击第五个图标"球体：环绕曲线" 🔵，命令行提示"选取曲线："，在视图中选取事先绘制好的曲线；命令行接着提示"球体中心点："，此时可在命令行输入点的坐标值，或者在视图中用鼠标单击一点作为球体中心点；命令行接着提示"半径："，同样输入半径数值或单击确定半径，即可创建一个环绕曲线的球体，如图 7-7 所示。

"球体"工具箱中的其他 5 种工具不太常用，在此不再赘述。

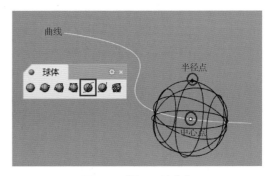

图 7-7 球体：环绕曲线

7.1.4 椭圆体

在"建立实体"工具箱中的"椭圆体"图标上按住鼠标左键，即可打开"椭圆体"工具箱，其上有 5 种创建椭圆体的工具，如图 7-8 所示。

图 7-8 "椭圆体"工具箱

在"椭圆体"工具箱中单击第一个图标"椭圆体：从中心点"，命令行提示"椭圆体中心点："，此时可在命令行输入中心点的坐标值，或者在视图中用鼠标单击一点作为椭圆体中心点；命令行接着相继提示"第一轴终点：""第二轴终点：""第三轴终点："，同样输入终点的数值或单击确定终点位置，完成椭圆体的创建，如图 7-9 所示。

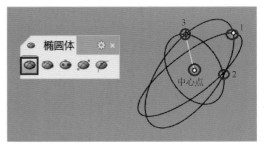

图 7-9 创建椭圆体

"椭圆体"工具箱中的其他4种工具不太
常用，在此不再赘述。

7.1.5 抛物面锥体

在"建立实体"工具箱中单击"抛物面
锥体"图标,命令行提示"抛物面锥体焦点:",
此时可输入焦点数值或在视图中单击一点作
为焦点;命令接着提示"抛物面锥体方向:",
用鼠标在视图中拖拉出抛物面锥体方向;命
令行接着提示"抛物面锥体端点:",通过输
入数值或用鼠标确定端点,完成抛物面锥体
的创建,如图7-10所示。

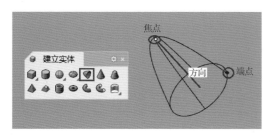

图 7-10　创建抛物面锥体

7.1.6 圆锥体

在"建立实体"工具箱中单击"圆锥体"
图标,命令行提示"圆锥体底面:",此时可
输入点的坐标值或在视图中单击一点作为底
面中心点;命令接着提示"半径:",同样可
输入数值或用鼠标在视图中单击确定半径大
小;命令行接着提示"圆锥体顶点:",通过
输入数值或用鼠标确定顶点,完成圆锥体的
创建,如图7-11所示。

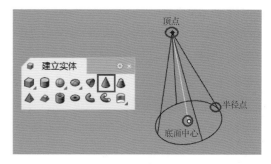

图 7-11　创建圆锥体

7.1.7 平顶锥体

在"建立实体"工具箱中单击"平顶锥
体"图标,命令行提示"平顶锥体底面中心
点:",此时可输入点的坐标值或在视图中单
击一点作为底面中心点;命令行接着提示"底
面半径:",同样可输入数值或用鼠标在视图
中单击确定半径大小;命令行接着提示"平顶
锥体顶面中心点:",通过输入数值或用鼠标
确定顶面中心点;命令行接着提示"顶面半
径:",输入数值或用鼠标单击确定顶面半径
大小,完成平顶锥体的创建,如图7-12所示。

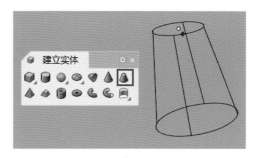

图 7-12　创建平顶锥体

7.1.8 棱锥

在"建立实体"工具箱中单击"棱锥"
图标,命令行提示"内接棱锥中心点:",此
时可输入点的坐标值或在视图中单击一点
作为棱锥中心点;命令行接着提示"棱锥的

角:"，同时命令行括号出现"边数"参数，可进行修改，系统默认为3，修改边数为4，随后移动鼠标指定棱锥的角；命令行接着提示"棱锥顶点:"，通过输入数值或用鼠标确定棱锥顶点，完成棱锥的创建，如图7-13所示。

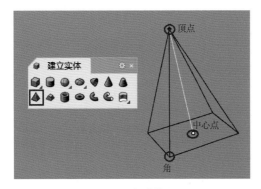

图 7-13　创建棱锥

7.1.9　平顶棱锥

在"建立实体"工具箱中单击"平顶棱锥"图标，命令行提示"内接平顶棱锥中心点:"，此时可输入点的坐标值或在视图中单击一点作为平顶棱锥中心点；命令行接着提示"平顶棱锥的角:"，同时命令行括号出现"边数"参数，可进行修改，系统默认为3，修改边数为5，随后移动鼠标指定平顶棱锥的角；命令行接着提示"平顶棱锥顶面中心点:"，通过输入数值或用鼠标确定顶面中心点；命令行接着提示"指定点:"，用鼠标指定一个点，完成平顶棱锥的创建，如图7-14所示。

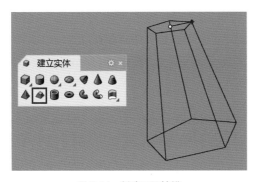

图 7-14　创建平顶棱锥

7.1.10　圆柱管

在"建立实体"工具箱中单击"圆柱管"图标，命令行提示"圆柱管底面:"，此时可输入点的坐标值或在视图中单击一点作为底面中心点；命令行接着提示"半径:"，同样可输入数值或用鼠标在视图中单击确定半径1大小；命令行接着再提示"半径:"，同样可输入数值或用鼠标在视图中单击确定半径2大小；命令行接着提示"圆柱管的端点:"，通过输入数值或用鼠标确定端点，完成圆柱管的创建，如图7-15所示。

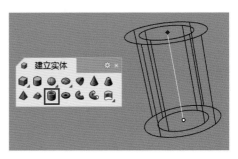

图 7-15　创建圆柱管

7.1.11　环状体

在"建立实体"工具箱中单击"环状体"图标，命令行提示"环状体中心点:"，此时可输入点的坐标值或在视图中单击一点作为中心点；命令行接着提示"半径:"，同样可输入数值或用鼠标在视图中单击确定半径大小；命令行接着提示"第二半径:"，同样可输入数值或用鼠标在视图中单击确定第二半径大小，完成环状体的创建，如图7-16所示。

图 7-16　创建环状体

7.1.12　圆管（平头盖）

在"建立实体"工具箱中单击"圆管（平头盖）"图标，命令行提示"选取路径："，在视图中选取事先绘制好的曲线；命令行接着提示"起点半径："，同样可输入数值或用鼠标在视图中单击确定半径大小；命令行接着提示"终点半径："，同样可输入数值或用鼠标在视图中单击确定半径大小；命令行接着不断提示"设置半径的下一点："，可按提示进行设置，各个半径大小可相同也可不相同，若无须设置，则直接确定，完成圆管（平头盖）的创建，如图 7-17 所示。

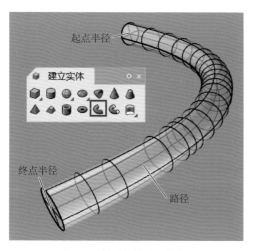

图 7-17　创建圆管（平头盖）

7.1.13　圆管（圆头盖）

圆管（圆头盖）的创建过程与圆管（平头盖）完全相同，只是圆管（圆头盖）的两端是圆头的，而圆管（平头盖）的两端是平头的，如图 7-18 所示。

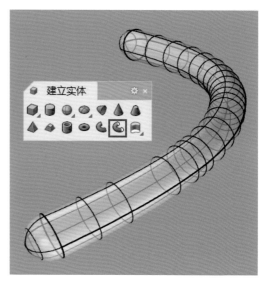

图 7-18　创建圆管（圆头盖）

7.2　挤出建立实体

在"建立实体"工具箱中除前面 13 种基本实体之外，最后一个图标为"挤出曲面"，即可通过挤出的方式创建实体。在"建立实体"工具箱中的"挤出曲面"图标上按住鼠标左键，会弹出"挤出建立实体"工具箱，如图 7-19 所示，在该工具箱中有 11 种工具，分别为挤出曲面、挤出曲面至点、挤出曲面成锥状、沿着曲线挤出曲面、挤出封闭的平面曲线、挤出曲线至点、挤出曲线成锥状、沿着曲线挤出曲面、以多重直线挤出成厚片、凸毂和肋，其中前 4 个命令均是将曲面挤出生成实体；中间 4 种是直接将曲线挤出生成实体；最后 3 种是特殊实体。以下将逐一进行介绍。

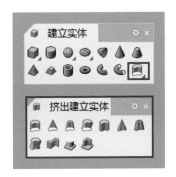

图 7-19　挤出建立实体

至点的操作，效果如图 7-21 所示。

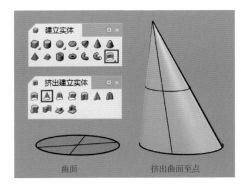

图 7-21　挤出曲面至点

7.2.1　挤出曲面

在"挤出建立实体"工具箱中单击"挤出曲面"图标，命令行提示"选取要挤出的曲面："，在视图中选取事先创建好的曲面，确定后命令行提示"挤出长度："，在命令行输入数值或用鼠标单击确认挤出长度，完成挤出曲面操作，效果如图 7-20 所示。

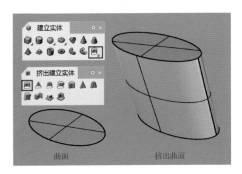

图 7-20　挤出曲面

7.2.2　挤出曲面至点

在"挤出建立实体"工具箱中单击"挤出曲面至点"图标，命令行提示"选取要挤出的曲面："，在视图中选取事先创建好的曲面，确定后命令行提示"挤出的目标点："，此时可在命令行输入点的坐标值，或用鼠标单击一个点，或捕捉一个点，完成挤出曲面

7.2.3　挤出曲面成锥状

在"挤出建立实体"工具箱中单击"挤出曲面成锥状"图标，命令行提示"选取要挤出的曲面："，在视图中选取事先创建好的曲面，确定后命令行提示"挤出长度："，同时在括号中提供有可供修改的参数选项，如图 7-22 所示，修改好"拔模角度"参数后，在命令行挤出长度处输入数值或用鼠标单击确认挤出长度，完成挤出曲面成锥状操作，效果如图 7-23 所示。

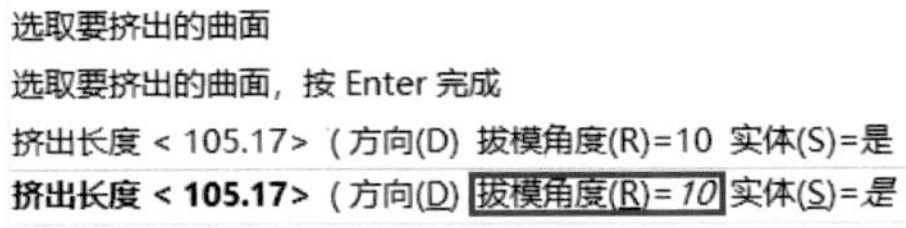

选取要挤出的曲面
选取要挤出的曲面，按 Enter 完成
挤出长度 < 105.17 > (方向(D) 拔模角度(R)=10 实体(S)=是
挤出长度 < 105.17 > (方向(D) 拔模角度(R)=10 实体(S)=是

图 7-22　设置参数

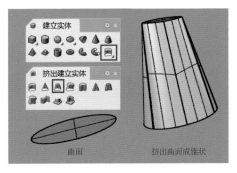

图 7-23　挤出曲面成锥状

7.2.4　沿着曲线挤出曲面

在"挤出建立实体"工具箱中单击"沿着曲线挤出曲面"图标，命令行提示"选取要挤出的曲面："，在视图中选取事先创建好的曲面，确定后命令行提示"选取路径曲线在靠近起点处："，在视图中选取事先绘制好的路径曲线，随即完成沿着曲线挤出曲面操作，效果如图 7-24 所示。

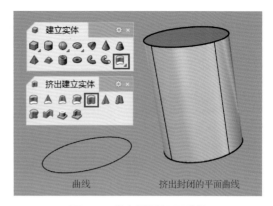

图 7-25　挤出封闭的平面曲线

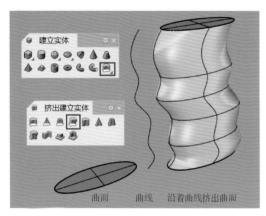

图 7-24　沿着曲线挤出曲面

7.2.5　挤出封闭的平面曲线

"挤出封闭的平面曲线"与"挤出曲面"命令的操作类似，只是挤出的对象由曲面变成了曲线。

在"挤出建立实体"工具箱中单击"挤出封闭的平面曲线"图标，命令行提示"选取要挤出的曲线："，在视图中选取事先创建好的曲线，确定后命令行提示"挤出长度："，在命令行输入数值或用鼠标单击确认挤出长度，完成挤出操作，效果如图 7-25 所示。

7.2.6　挤出曲线至点

"挤出曲线至点"与"挤出曲面至点"命令的操作类似，只是挤出的对象由曲面变成了曲线。

在"挤出建立实体"工具箱中单击"挤出曲线至点"图标，命令行提示"选取要挤出的曲线："，在视图中选取事先创建好的曲线，确定后命令行提示"挤出的目标点："，此时可在命令行输入点的坐标值，或用鼠标单击一个点，或捕捉一个点，完成挤出曲线至点的操作，效果如图 7-26 所示。

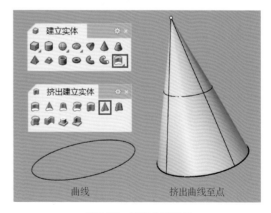

图 7-26　挤出曲线至点

7.2.7　挤出曲线成锥状

"挤出曲线成锥状"与"挤出曲面成锥状"命令的操作类似,只是挤出的对象由曲面变成了曲线。

在"挤出建立实体"工具箱中单击"挤出曲线成锥状"图标,命令行提示"选取要挤出的曲线:",在视图中选取事先创建好的曲线,确定后命令行提示"挤出长度:",同时在括号中提供有可供修改的参数选项,修改好"拔模角度"参数后,在命令行挤出长度处输入数值或用鼠标单击确认挤出长度,完成挤出曲线成锥状操作,效果如图7-27所示。

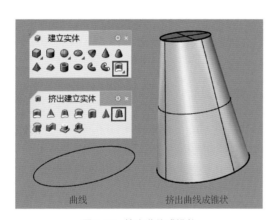

图 7-27　挤出曲线成锥状

7.2.8　沿着曲线挤出曲线

"沿着曲线挤出曲线"与"沿着曲线挤出曲面"命令的操作完全类似,只是挤出的对象由曲面变成了曲线。

在"挤出建立实体"工具箱中单击"沿着曲线挤出曲线"图标,命令行提示"选取要挤出的曲线:",在视图中选取事先创建好的曲线,确定后命令行提示"选取路径曲线在靠近起点处:",在视图中选取事先绘制好的路径曲线,随即完成沿着曲线挤出曲线操作,效果如图7-28所示。

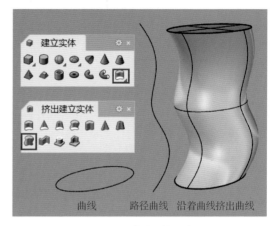

图 7-28　沿着曲线挤出曲线

7.2.9　以多重直线挤出成厚片

在"挤出建立实体"工具箱中单击"以多重直线挤出成厚片"图标,命令行提示"选取要建立厚片的曲线:",同时括号中提供"距离"参数以供修改,选取曲线并设置好距离后,命令行提示"偏移侧:",用鼠标移动确认偏移侧,命令行接着提示"高度:",输入数值或单击确认高度后,完成操作,效果如图7-29所示。

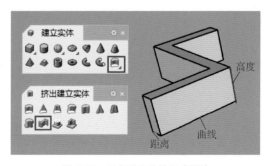

图 7-29　以多重直线挤出成厚片

7.2.10 凸毂

在"挤出建立实体"工具箱中单击"凸毂"图标，命令行提示"选取要建立凸缘的封闭平面曲线："，在视图中选取事先绘制好的曲线，确定后命令行提示"选取边界："，在视图中选取边界物体，系统即自动生成凸毂，如图 7-30 所示。

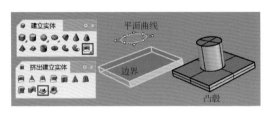

图 7-30　创建凸毂

7.2.11 肋

在"挤出建立实体"工具箱中单击"肋"图标，命令行提示"选取要做柱肋的平面曲线："，在视图中选取事先绘制好的平面曲线，命令行括号中会有"距离"选项的设置，设置好"距离"后确定，命令行提示"选取边界："，在视图中选取边界物体后，系统即自动生成肋，如图 7-31 所示。

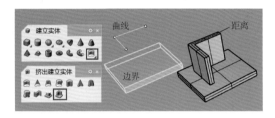

图 7-31　创建肋

7.3　实例演练

本部分学习两个实例：多层书架和简约灯具。通过实例演练，加深对实体建模及之前所学知识的理解与运用。

7.3.1 多层书架

多层书架

该模型为一简易多层书架或置物架，如图 7-32 所示，整体结构比较规则，主要由横板、侧板和背板组成，因此建模过程中主要应用了立方体和圆柱体命令。

命令：立方体、圆柱体、移动、复制、阵列等。

具体操作步骤如下：

图 7-32　多层书架

1. 创建长方体面板

在"建立实体"工具箱中单击"立方体"图标，创建一个长 700，宽 250，高 20 的长方体，如图 7-33 所示。

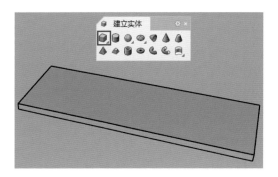

图 7-33　创建长方体

2. 阵列长方体面板

在"变动"工具箱中单击"矩形阵列"图标，在命令行输入 X、Y 方向的数目均为 1，Z 方向的数目为 4，Z 方向的间距为 290，确定后阵列出如图 7-34 所示的 4 个长方体。

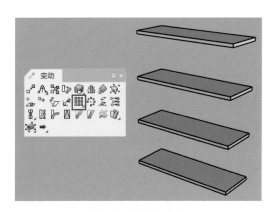

图 7-34　阵列长方体

3. 创建长方体立柱

在"建立实体"工具箱中单击"立方体"图标，在顶视图中创建一个长 20，宽 28，高 1100 的长方体，并将其移动到图 7-35 所示位置，作为书架立柱。

4. 阵列长方体立柱

在"变动"工具箱中单击"矩形阵列"图标，选择图 7-35 中的长方体立柱，在命令行输入 X、Y 方向的数目均为 2，Z 方向的数目为 1；接着在命令行提示"单位方块"时，在顶视图中捕捉长方体面板的两个角点作为

单位方块，如图 7-36 所示，确定后阵列出如图 7-37 所示的 4 个长方体立柱。

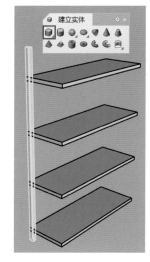

图 7-35　创建长方体

图 7-36　阵列长方体

图 7-37　阵列结果

5. 创建上方侧挡板

在"建立实体"工具箱中单击"立方体"

图标，在前视图中创建一个长 20，宽 20，高 250 的长方体，并将其移动到图 7-38 所示位置，作为书架立柱。接着在"变动"工具箱中单击"复制"图标，复制另一侧的长方体挡板，结果如图 7-38 所示。

图 7-38　创建上方侧挡板

6.创建圆柱体

在"建立实体"工具箱中单击"圆柱体"图标，在顶视图中创建一个半径为 5，高为 1100 的圆柱体，并将其移动到图 7-39 所示位置。

图 7-39　创建圆柱体

7.复制圆柱体

在"变动"工具箱中单击"复制"图标，选择图 7-39 中的圆柱体，打开"正交"模式，在顶视图中向上移动复制一个圆柱体，间距 80，如图 7-40 所示。

图 7-40　复制圆柱体

同样，选择左侧两个圆柱体，在顶视图中复制出另一侧的两个圆柱体，如图 7-41 所示。复制结果如图 7-42 所示。

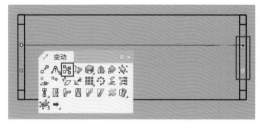

图 7-41　复制圆柱体

图 7-42　圆柱体复制结果

8.创建长方体背板

在"建立实体"工具箱中单击"立方体"图标,在前视图中捕捉两个角点,设置高度为10,创建一个长方体背板,如图7-43所示。将创建好的长方体背板移至书架后面,效果如图7-44所示。

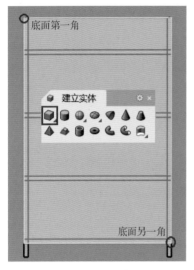

图 7-43　创建长方体背板

图 7-44　背板效果

9.分层管理模型

单击"标准"选项卡的"切换图层面板"

图标,在打开的对话框中新建一个图层,修改其名称为"书架",同时设置图层颜色,如图7-45所示。在视图中选择全部模型,在打开的"物件属性"面板中将模型切换至"书架"图层。

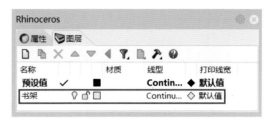

图 7-45　新建图层

10.设置材质贴图

单击"渲染工具"选项卡中的"切换贴图面板"图标,在打开的"贴图"对话框中新增一个"木纹贴图",修改其颜色,如图7-46所示,将设置好的贴图直接拖动到模型上,即完成为模型贴图的操作,渲染效果如图7-32所示。

图 7-46　设置贴图

7.3.2　简约灯具

简约灯具

该模型为一款简约灯具（见图7-47），整体结构比较规则，结构上主要由一个固定圆盘和四组灯管组成，建模过程中主要应用了圆柱体和圆柱管命令。

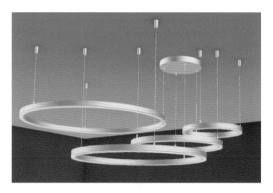

图 7-47　简约灯具

命令：圆柱体、圆柱管；移动、复制、矩形阵列、环形阵列等。

具体操作步骤如下：

7.3.2.1　创建圆盘组件

1. 创建底盘

在"建立实体"工具箱中单击"圆柱体"图标，在顶视图任意位置创建一个半径为15，高度为4的圆柱体，如图7-48所示。

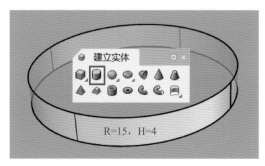

图 7-48　创建圆柱体

2. 创建套线环

在"建立实体"工具箱中单击"圆柱体"图标，在圆盘下方创建一个半径为0.5，高度为2的圆柱体，其顶视图效果如图7-49所示，透视图效果如图7-50所示。

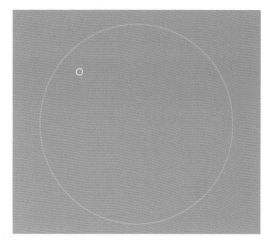

图 7-49　圆柱体套线环顶视图效果

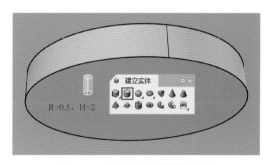

图 7-50　圆柱体套线环透视图效果

3. 阵列套线环

在"变动"工具箱中单击"矩形阵列"图标，对圆柱体进行矩形阵列，X、Y方向数目均为2，间距可用鼠标拖拉出一个单位方块，阵列效果如图7-51所示。

同时，为了后续建模过程叙述方便，在此给4个套线环编号，效果如图7-52所示。

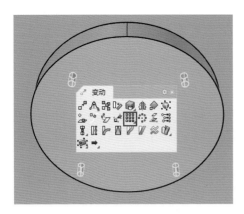

图 7-51 阵列圆柱体套线环

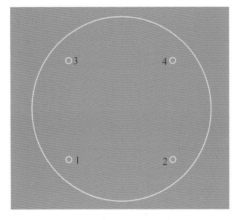

图 7-52 套线环位置和编号

7.3.2.2 创建灯管组 1

1.创建吊线

在"建立实体"工具箱中单击"圆柱体"图标，在圆盘 1 号套线环下方创建一个半径为 0.1，高度为 30 的圆柱体作为吊线，如图 7-53 所示。

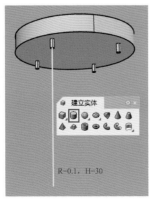

图 7-53 创建吊线

2.复制套线环

执行"变动"工具箱中的"复制"命令，在前视图中将吊线上方的套线环复制一个至吊线下方，如图 7-54 所示。

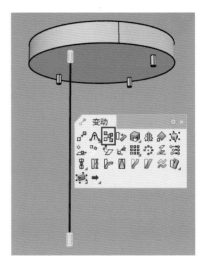

图 7-54 复制套线环

3.创建灯管主体

在"建立实体"工具箱中单击"圆柱管"图标，在图 7-55 所示的套线环下方创建一个圆柱管，其半径 1 为 50，半径 2 为 48，高度为 3，作为灯管组 1 的主体。

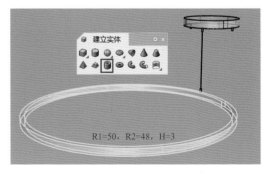

图 7-55 创建灯管主体

4.创建灯管发光体

在"建立实体"工具箱中单击"圆柱管"图标，在图 7-55 中圆柱管下方再创建一个圆柱管，其半径 1 为 50，半径 2 为 48，高度为 0.5，作为灯管组 1 的发光体，如图 7-56 所示。

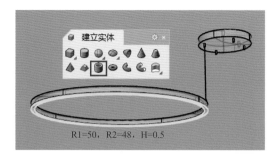

图 7-56　创建灯管发光体

5. 环形阵列吊线

选择吊线和其下方套线环，执行"变动"工具箱中的"环形阵列"命令，在命令行设置阵列数目为 3，角度为 360 度，阵列效果如图 7-57 所示。

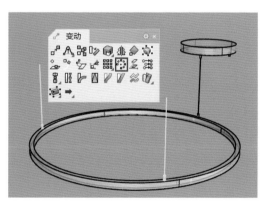

图 7-57　环形阵列吊线组

6. 创建吊线上方套线环

在"建立实体"工具箱中单击"圆柱体"图标，在阵列出的吊线上方创建一个半径为 1，高度为 4 的圆柱体作为套线环，并复制一个至另一吊线上方，如图 7-58 所示。至此，灯管组 1 创建完成。

7.3.2.3　创建灯管组 2

1. 创建吊线和套线环

执行"圆柱体"命令，在圆盘 2 号套线

环下方创建一个半径为 0.1，高度为 60 的圆柱体作为吊线；接着将吊线上方套线环复制一个至吊线下方，如图 7-59 所示。

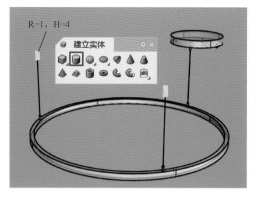

图 7-58　创建吊线上方套线环

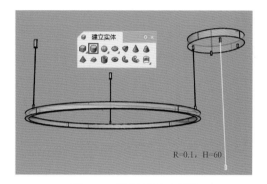

图 7-59　创建吊线和套线环

2. 创建灯管组

在"建立实体"工具箱中单击"圆柱管"图标，在图 7-60 所示的套线环下方创建一个圆柱管，其半径 1 为 40，半径 2 为 38，高度为 3，作为灯管组 2 的主体。

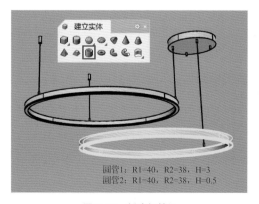

图 7-60　创建灯管组

接着再创建一个圆柱管，其半径 1 为 40，半径 2 为 38，高度为 0.5，作为灯管组 2 的发光体。

3. 环形阵列吊线，复制套线环

选择吊线和其下方套线环，执行"变动"工具箱中的"环形阵列"命令，在命令行设置阵列数目为 3，角度为 360 度，确定后完成环形阵列。

接着将灯管组 1 上方的套线环复制 2 个至灯管组 2 的 2 根吊线上方，效果如图 7-61 所示。至此，完成灯管组 2 的创建。

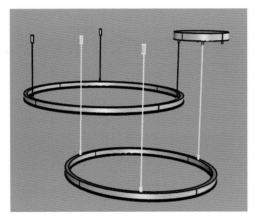

图 7-61　环形阵列吊线，复制套线环

7.3.2.4　创建灯管组 3

与灯管组 2 同样的方法和步骤，在圆盘 3 号套线环下方完成灯管组 3 的创建，注意吊线高度为 50，圆柱管的半径 1 为 30，半径 2 为 28，其他尺寸同灯管组 2，创建效果如图 7-62 所示。

7.3.2.5　创建灯管组 4

与灯管组 3 同样的方法和步骤，在圆盘 4 号套线环下方完成灯管组 4 的创建，注意吊线高度为 40，圆柱管的半径 1 为 20，半径 2 为 18，其他尺寸同灯管组 3，创建效果如图 7-63 所示。

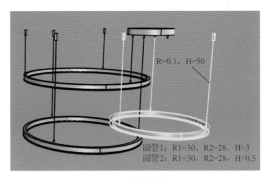

图 7-62　创建灯管组 3

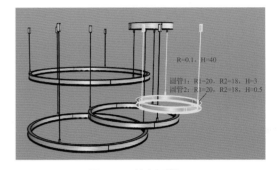

图 7-63　创建灯管组 4

7.3.2.6　分层管理模型

单击"标准"选项卡的"切换图层面板"图标，在打开的对话框中新建 5 个图层，分别修改其名称为"金属部分""发光部分""吊线部分""天花板"和"墙"，其中的"墙"用于后期渲染，并修改其颜色，如图 7-64 所示。

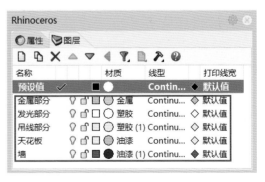

图 7-64　新建图层

选择图中所有拟设置材质为金属部分的模型，在"属性"面板中将其移动至"金属部分"图层，如图 7-65 所示。按同样的操作步骤，将其他模型分别放置在各自图层，分层管理效果如图 7-66 所示。

新增 5 种材质，分别对应 5 个图层，如图 7-67 所示，在分别编辑好 5 种材质后，将其分别赋予相应图层，渲染效果如图 7-47 所示。

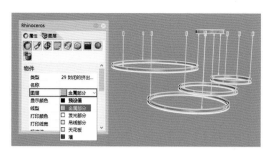

图 7-65　分层管理

图 7-66　分层管理效果

7.3.2.7　渲染模型

单击"渲染工具"选项卡中的"切换材质面板"图标，在打开的"材质"对话框中

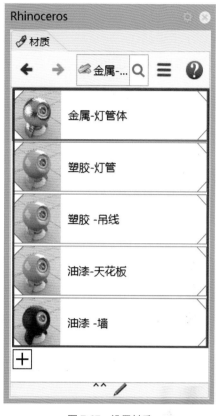

图 7-67　设置材质

本章作业

根据本章所学命令，完成以下模型的创建工作。

1. 婴儿换衣桌

如题图 1 所示，总体尺寸参考：长度 72 厘米，宽度 53 厘米，高度 88 厘米。其他尺寸自定。

2. 台灯

如题图 2 所示，尺寸参考：台灯总高度 30 厘米，灯罩直径 13 厘米，其他尺寸自定。

题图1 婴儿换衣桌

题图2 台灯

3. 边桌（见题图3）。

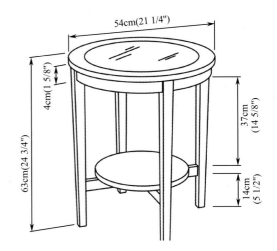

题图3 边桌及尺寸图

第 **8** 章

实体编辑

实体编辑工具主要是对实体或多重曲面进行编辑修改。实体与多重曲面的区别在于，实体是封闭的，而多重曲面可能是开放的。

在界面左侧主工具条的"布尔运算联集"按钮上长按鼠标左键，即可弹出"实体工具"工具箱，该工具箱中共有 30 个实体编辑工具，如图 8-1 所示。以下将对常用工具做一介绍。

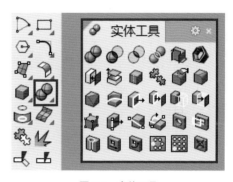

图 8-1　实体工具

8.1　布尔运算

在"实体工具"工具箱中，前 4 个工具都是与布尔运算相关的，下面分别进行介绍。

8.1.1　布尔运算联集

布尔运算联集工具用于将两个或两个以

上的相交物体进行组合，并减去交集的部分。

如图 8-2 中图所示两个相交的球体，执行"布尔运算联集"命令后，命令行提示"选取要并集的曲面或多重曲面："，在视图中选取两个球体，确定后即完成布尔运算联集操作，此时两个球体已合并成为一个新的物体，如图 8-2 右图所示。

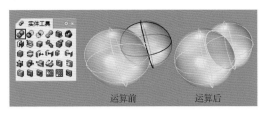

图 8-2　布尔运算联集

体，确定后即完成布尔运算交集操作，运算结果如图 8-4 右图所示。

图 8-4　布尔运算交集

8.1.2　布尔运算差集

布尔运算差集工具用于从两个相交的物体中减去其中一个物体和相交的部分。

如图 8-3 中图所示两个相交的球体，执行"布尔运算差集"命令后，命令行提示"选取要被减去的曲面或多重曲面："，在视图中选取一个球体，确定后命令行提示"选取要减去其他物体的曲面或多重曲面："，在视图中选取另一个球体，确定后即完成布尔运算差集操作，运算结果如图 8-3 右图所示。

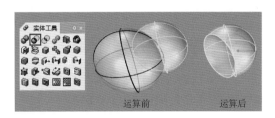

图 8-3　布尔运算差集

8.1.3　布尔运算交集

布尔运算交集工具用于减去相交物体未产生交集的部分，保留交集的部分。

如图 8-4 中图所示两个相交的球体，执行"布尔运算交集"命令后，命令行提示"选取第一组曲面或多重曲面："，在视图中选取一个球体，确定后命令行提示"选取第二组曲面或多重曲面："，在视图中选取另一个球

8.1.4　布尔运算分割 / 布尔运算两个物体

布尔运算分割工具用于将相交物体的交集及未交集的部分分别建立多重曲面。

如图 8-5 中图所示两个相交的球体，执行"布尔运算分割"命令后，命令行提示"选取要分割的曲面或多重曲面："，在视图中选取一个球体，确定后命令行提示"选取切割用的曲面或多重曲面："，在视图中选取另一个球体，确定后即完成布尔运算分割操作，分割结果如图 8-5 右图所示。

图 8-5　布尔运算分割

在"布尔运算分割"图标上单击鼠标右键，即执行"布尔运算两个物体"命令，该命令整合了并集、差集和交集功能，执行命令后，选择需要进行布尔运算的物体，接着单击鼠标左键即可在 3 种运算结果之间切换，切换到所需结果时后，按 Enter 键完成操作。

8.2 自动建立实体

"自动建立实体"工具是以选取的曲面或多重曲面所包围的封闭空间建立实体。执行命令后，框选构成封闭空间的曲面或多重曲面，确定后即可自动建立实体模型。

如图 8-6 中图所示有 3 个相交曲面，在"实体工具"中执行"自动建立实体"命令后，命令行提示"选取交集的曲面或多重曲面，以自动修剪并组合成封闭的多重曲面:"，此时在视图中框选 3 个曲面，确定后，即自动建立一个实体模型，结果如图 8-6 右图所示。

如果单一曲面或多重曲面所围合的空间不是一个，而是多个，那么将建立多个封闭的实体。

如图 8-7 中图所示的一个闭合圆柱体和两个曲面相交，由于圆柱体是封闭的实体模型，因此围合后就构成了 3 个封闭的空间，执行该命令后可建立 3 个实体模型，如图 8-7 右图所示。

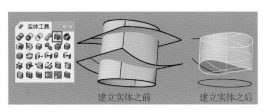

图 8-6　自动建立实体（一个）

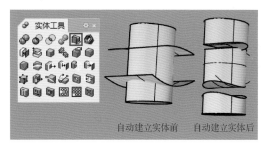

图 8-7　自动建立实体（多个）

8.3 抽离曲面

"抽离曲面"工具用于把多重曲面中的单个曲面分离开来。如图 8-8 中上图所示的一个多重曲面，在"实体工具"中执行"抽离曲面"命令后，命令行提示"选取要抽离的曲面:"，在图中选取多重曲面的上表面，确定后该曲面即被抽离，为观察方便，图 8-8 右下图中将其移开一段距离。

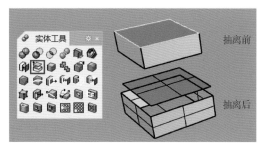

图 8-8　抽离曲面

8.4 将平面洞加盖

"将平面洞加盖"工具用于为物体上的平面洞建立平面，其操作对象是曲面或多重曲面。如图 8-9 中图所示的多重曲面，其上部有一平面洞，执行命令后，命令行提示"选取要加盖的曲面或多重曲面："，在图中选取多重曲面，确定后即为该多重曲面自动加了一个盖，且加盖后的物体组合为一个多重曲面，如图 8-9 右图所示。

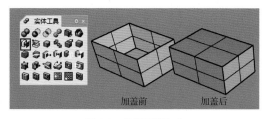

图 8-9　将平面洞加盖

8.5 边缘圆角

"实体工具"工具箱中有三个命令与边缘圆角有关，分别为"边缘圆角" 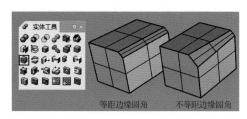 、"边缘斜角" 和"编辑边缘圆角" ，以下将逐一介绍。

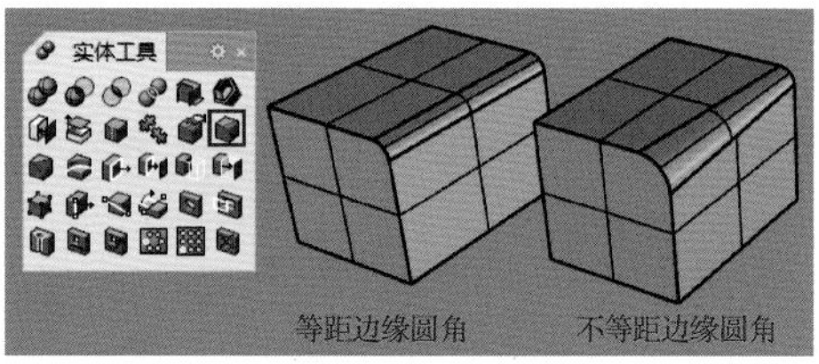

图 8-10　边缘圆角

8.5.1 边缘圆角

"边缘圆角"工具用于在多重曲面的多个边缘建立等距或不等距的圆角曲面，并修剪原来的曲面使其与圆角曲面组合在一起。

执行命令后，命令行提示"选取要建立圆角的边缘："，同时括号中出现一些选项以供编辑，通常修改"下一个半径"参数，修改好后选取要进行圆角的边缘；确定后，命令行提示"选取要编辑的圆角控制杆："，如果希望等距圆角，则直接按 Enter 键确认，如果希望不等距圆角，则可编辑圆角控制杆及新增控制杆以设置不同的圆角半径。图 8-10 所示为等距边缘圆角和不等距边缘圆角效果。

8.5.2 边缘斜角

"边缘斜角"工具与"边缘圆角"工具的功能与用法均类似，只不过前者倒出的是斜角，后者倒出的是圆角而已。图 8-11 所示为等距边缘斜角和不等距边缘斜角效果。

图 8-11　边缘斜角

8.5.3 编辑边缘圆角

"编辑边缘圆角"工具用于对已存在边缘圆角或斜角的物体进行编辑修改,重新进行边缘圆角或边缘斜角。

执行命令后,命令行提示"选取有边缘圆角/斜角/混接的物件做编辑:",如图8-12所示,在视图中选取一个已有边缘斜角的物体,确定后,命令行提示"选取要建立圆角的边缘:",此时可修改之前已进行过圆角或

斜角的边缘,也可增选其他的边缘,选取结束后,通过设置选项以确定是等距圆角还是不等距圆角。图8-12所示为增选一条边缘后做出的等距圆角效果。

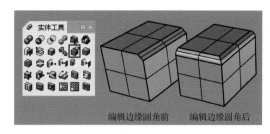

图8-12 编辑边缘圆角

8.6 线切割

"线切割"工具用于通过开放或封闭的曲线来切割多重曲面。执行命令后,首先选取切割用的曲线;然后选取一个曲面或多重曲面;接着需要指定第一切割深度点或按Enter键切穿物件;再指定第二切割深度点或按Enter键切穿物件;最后选取要切掉的部分。使用该工具时,还要注意切割方向的选择,这些在命令行的选项中可以进行设置。

切割效果,如图8-14~图8-17所示。

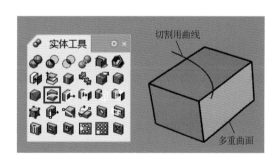

图8-13 线切割实例一

8.6.1 以开放曲线切割

在图8-13中,事先准备好一个多重曲面和一条切割用曲线,执行线切割命令后,根据命令行要求依次选择切割用曲线、要切割的曲面后,需要指定第一切割深度点和第二切割深度点,此时不同的选择会导致不同的

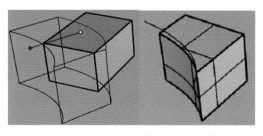

图8-14 第一切割深度点和第二切割深度点均贯穿

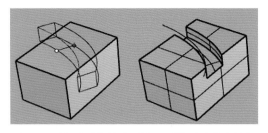

图 8-15　第一切割深度点和第二切割深度点均未贯穿

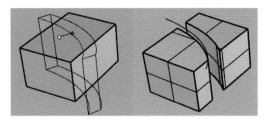

图 8-16　第一切割深度点贯穿，第二切割深度点未贯穿

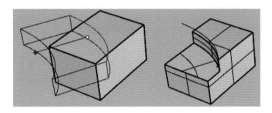

图 8-17　第一切割深度点未贯穿，第二切割深度点贯穿

8.6.2　以封闭曲线切割

在图 8-18 中，事先准备好一个多重曲面和一条切割用封闭曲线，执行线切割命令后，根据命令行要求依次选择切割用曲线、要切割的曲面后，需要指定切割深度点，此时不同的选择会导致不同的切割效果，如图 8-19 和图 8-20 所示。

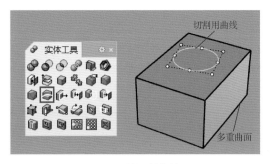

图 8-18　线切割实例二

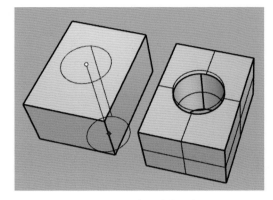

图 8-19　切割深度点贯穿

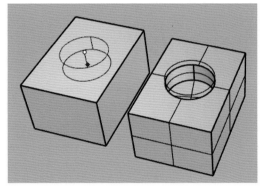

图 8-20　切割深度点未贯穿

8.7　面编辑

在"实体工具"中，与面编辑有关的工具共有七个，分别为"将面移动" 、"将面移动至边界" 、"挤出面" 、"将面挤出至边界" 、"将面分割" 、"将面折叠"

和"将面合并"⬛。以下介绍最常用的几个。

8.7.1 将面移动

使用"将面移动/移动未修剪的面"工具可以移动多重曲面的面，周围的曲面会随之进行调整。

如图 8-21 中，执行"将面移动"命令后，按命令行提示选取要移动的面，确定后，指定移动的起点和终点后即可完成面的移动操作，结果如图 8-22 所示。

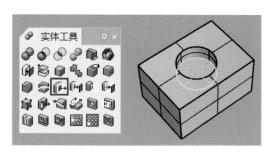

图 8-21 将面移动

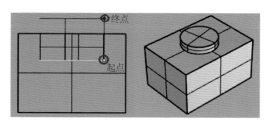

图 8-22 "将面移动"结果

8.7.2 将面移动至边界

"将面移动至边界"工具用于将两个不相交物体中一个物体的某个面延伸至与另一个物体相交。

如图 8-23 中，一个圆柱体与一个长方体并无相交，执行"将面移动至边界"命令后，

按命令行提示选取要移动的圆柱体的底面，确定后，选取长方体作为边界，即可完成将面移动至边界的操作，结果如图 8-24 所示。

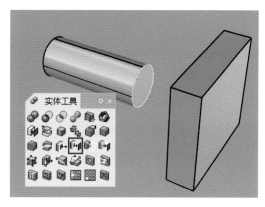

图 8-23 将面移动至边界

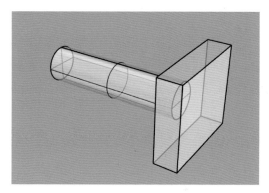

图 8-24 "将面移动至边界"结果

8.7.3 挤出面

"挤出面/沿着路径挤出面"工具可以将曲面挤出建立实体，该工具左键功能用于挤出面，右键功能用于沿着路径挤出面。

执行命令后，命令行提示"选取要挤出的曲面:"，选取曲面后，接着提示"挤出长度;"，在命令行输入长度或用鼠标在视图中拖拉出合适的长度，即可挤出面为实体，如图 8-25 所示。"沿着路径挤出面"与之前介绍的"沿着路径挤出曲线"操作类似，不再赘述。

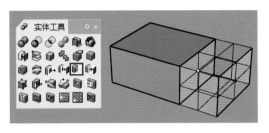

图 8-25　挤出面

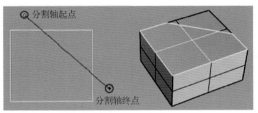

图 8-27　将面分割

8.7.4　将面挤出至边界

"将面挤出至边界"与"将面移动至边界"非常类似，操作过程也类似，不再赘述，效果如图 8-26 所示。

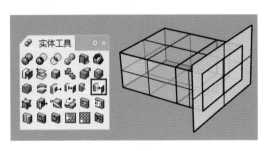

图 8-26　将面挤出至边界

图 8-28　"将面分割"结果

8.7.5　将面分割

"将面分割"工具用于以指定的一个或多个分割轴或已有曲线来分割多重曲面中的面。

执行命令后，命令行提示"选取要分割的面："，选取图 8-27 所示的长方体上表面，确定后，接着提示"分割轴起点："和"分割轴终点："，指定完一个分割轴后，可接着指定下一个，直到按 Enter 键结束指定，完成将面分割的操作。为观看清楚面分割的效果，将多重曲面进行了"爆炸"操作，如图 8-28 所示。

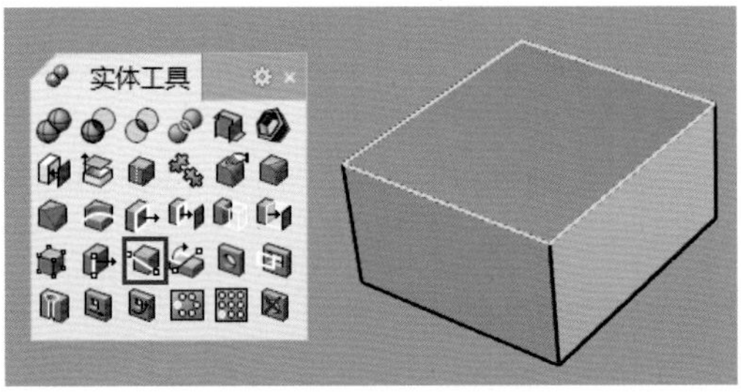

8.7.6　合并两个共平面的面 / 合并全部共平面的面

"合并两个共平面的面 / 合并全部共平面的面"即"将面合并"，用于在一个多重曲面中将两个共平面的曲面合并为一个曲面。

该工具的功能与"将面分割"功能相反，如图 8-29 所示，可将分割后的两个共平面的曲面合并为一个面。与"合并全部共平面的面"功能类似，只是需要合并的是全部共平面的面。

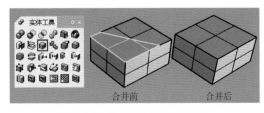

合并前　　　　　　合并后

图 8-29　合并两个共平面的面

"将面折叠"工具不常用，在此不再介绍。

8.8 打开实体物体的控制点

"打开实体物体的控制点"工具用以显示实体模型的控制点。该工具多用来进行实体模型造型的调整，打开控制点后可通过移动控制点来改变实体的形状。

执行命令后，命令行提示"选取要显示编辑点的多重曲面："，在视图中选取曲面，确定后其控制点即显示出来，如图 8-30 所示。

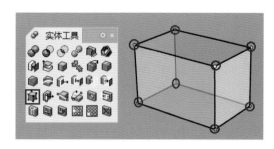

图 8-30　打开实体物体的控制点

8.9 移动边缘

"移动边缘 / 移动未修剪的边缘"工具用以移动曲面或多重曲面的边缘，与移动面类似，随着边的移动，周围与其相连接的曲面会随之进行调整。

执行命令后，根据命令行提示，先后"选取边缘："，指定"移动的起点："和"移动的终点："，即可完成边的移动操作，操作过程如图 8-31 所示，移动结果如图 8-32 所示。

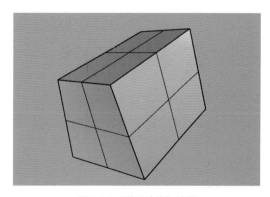

图 8-32　"移动边缘"结果

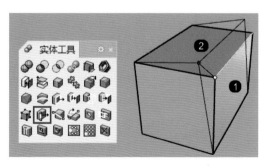

图 8-31　移动边缘

8.10　洞

洞是实体模型中一种常见的形状特征，因此在"实体工具"中，与洞相关的工具较多，共有8个，分别为"建立圆洞" ![icon]、"建立洞/放置洞" ![icon]、"旋转成洞" ![icon]、"将洞移动/复制一个平面上的洞" ![icon]、"将洞旋转" ![icon]、"以洞做环形阵列" ![icon]、"以洞做阵列" ![icon]、"取消修剪洞/取消修剪全部洞" ![icon]。以下逐一进行介绍。

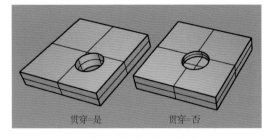

图 8-34　"建立圆洞"结果

8.10.1　建立圆洞

"建立圆洞"工具可用以在曲面或多重曲面上建立圆洞。

如图 8-33 所示，在视图中事先创建一个长方体，执行"建立圆洞"命令后，命令行提示"选取目标曲面："，此时选取长方体的上表面；命令行接着提示"中心点"，并提供图 8-33 括号中所示的参数以供设置，通常要设置圆洞的"半径"参数，如果希望圆洞贯穿实体，则设置"贯穿＝是"，相反，则需设置圆洞的"深度"参数，其他参数一般默认；设置好参数后，在曲面上确定一点作为圆洞的中心点，圆洞建立完成，用此命令一次可以创建一个或多个圆洞，结果如图 8-34 所示。

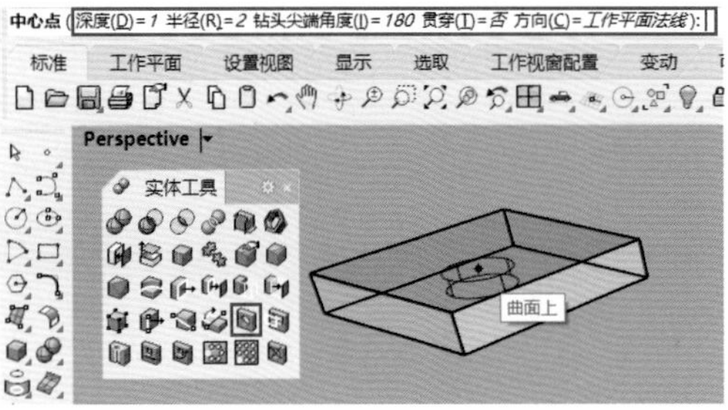

图 8-33　建立圆洞

8.10.2　建立洞/放置洞

"建立洞/放置洞"工具有两种用法：左键功能是以封闭的曲线作为洞的轮廓，然后以指定的方向挤出到曲面建立洞；右键功能是将一条封闭的平面曲线挤出，然后在曲面或多重曲面上以设定的深度和旋转角度挖出一个洞。

1. 建立洞

使用"建立洞"功能之前，必须先创建好一个实体模型和一条封闭曲线，并将封闭曲线放置到希望建立洞的位置。该工具以类似投影的方式来建立洞。

如图 8-35 所示，首先创建一个长方体和一个五角星曲线，然后执行"建立洞"命令，命令行提示"选取封闭的平面曲线："，在视图中选取五角星；确定后，接着提示"选取一个曲面或多重曲面："，在视图中选取长方体；命令行接着提示"深度点，按 Enter 切穿物体："，如果要切穿，直接按 Enter 键确认；否则，移动鼠标确定深度点，确定后完成建立洞的操作，效果如图 8-36 所示。

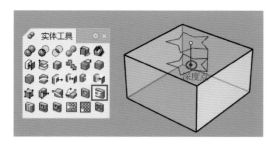

图 8-35　建立洞

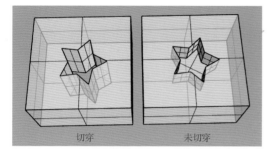

切穿　　　　　　　未切穿

图 8-36　"建立洞"结果

2.放置洞

使用"放置洞"功能之前，同样必须先创建好一个实体模型和一条封闭曲线，但与"建立洞"不同的是，封闭曲线可以放置在任意位置。

如图 8-37 所示，首先创建一个长方体和一个正六边形曲线，然后执行"放置洞"命令，命令行提示"选取封闭的平面曲线:"，在视图中选取正六边形；接着提示"洞的基准点:"，此时可捕捉正六边形的中心点；接着提示"洞朝上的方向:"，移动鼠标确定一个方向，如图 8-37 所示;然后命令行提示"目标曲面:"，可选择长方体的任意一个面，此处选择上表面；接着提示"曲面上的点:"，用鼠标确定一个点，此点即洞的放置基准点；接着提示"深度（贯穿）:"，若希望贯穿，则单击括号中的"贯穿"，否则输入数值或拖曳鼠标确定深度；接着命令行提示"旋转角度，按 Enter 接受:"，输入旋转角度或按 Enter 键后，完成一个洞的放置。命令行将接着提示下一个洞放置的"目标点:"，如果不需放置下一个洞，则直接确认，结束命令，结果如

图 8-38 所示。

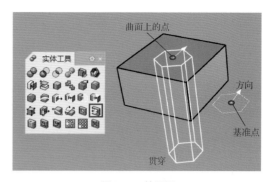

图 8-37　放置洞

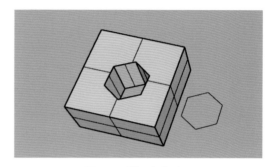

图 8-38　"放置洞"结果

8.10.3　旋转成洞

"旋转成洞"工具用于对洞的轮廓曲线进行旋转，从而在曲面或多重曲面上建立洞。使用该工具之前，需要先创建好要建立洞的曲面和轮廓曲线，曲线可放置在任意位置。

如图 8-39 中，先创建一个长方体和一条轮廓曲线，执行"旋转成洞"命令后，命令行提示"选取轮廓曲线:"，在视图中选取轮廓曲线；确定后，接着提示"曲线基准点:"，通常在旋转轴上捕捉一个点作为曲线基准点，此处捕捉曲线的一个端点；命令行接着提示"选取目标面:"，用鼠标选取长方体的上表面;命令行提示"洞的中心点（反转）:"，此时旋转出的洞会附着在鼠标上，移动鼠标确定一个点作为洞的中心点，同时还要确定是否需要反转，此处单击"反转"，确定后在

长方体中即旋转出一个洞。命令行继续提示"洞的中心点（反转）:"，以确定下一个洞的位置，回车后完成操作，结果如图8-40所示。

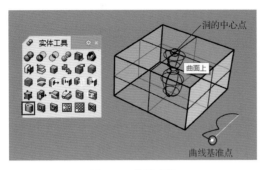

图8-39　旋转成洞

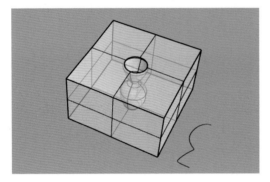

图8-40　"旋转成洞"结果

8.10.4　将洞移动／复制一个平面上的洞

"将洞移动／复制一个平面上的洞"工具有两种功能：左键功能是移动平面上的洞；右键功能是复制模型上的洞。

1. 将洞移动

左键单击"将洞移动"图标，命令行提示"选取一个平面上的洞:"，在视图中选取一个洞，确定后按提示指定"移动的起点:"和"移动的终点:"，即可完成洞的移动操作，如图8-41所示。

图8-41　将洞移动

2. 复制一个平面上的洞

右键单击"将洞移动"图标，即执行"复制一个平面上的洞"命令，此时命令行提示"选取一个平面上的洞:"，在视图中选取一个洞，确定后提示"移动的起点:"，通常指定洞的中心作为移动的起点，接着提示"移动的终点:"，在平面上任意位置单击，即可复制一个洞。系统不断提示"移动的终点:"，用鼠标不断单击，直至完成所有复制，确定后结束命令，如图8-42所示。

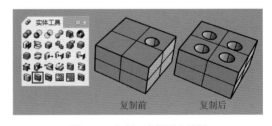

图8-42　复制一个平面上的洞

8.10.5　将洞旋转

"将洞旋转"工具用以旋转模型上的洞。旋转时需要指定旋转中心点和旋转角度，也可以指定两个点来定义旋转角度，还可以利用命令行括号中的"复制"选项进行复制旋转。

如在图8-43中，执行命令后，命令行提示"选取一个平面上的洞:"，在视图中选取洞；命令行接着提示"旋转中心点（复制＝否）:"，若需复制，则单击修改使"复制＝是"，然后指定中心点；命令行接着提示"角度或第一参考点:"，此时可输入旋转角度或用两个点来定义旋转角度（逆时针为正，顺时针为负），确定后完成洞的旋转操作，如图 8-43 所示。

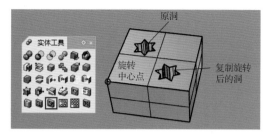

图 8-43　将洞旋转

8.10.6　阵列洞

阵列洞包括两个工具，即"以洞做环形阵列"和"以洞做阵列"。

1. 以洞做环形阵列

"以洞做环形阵列"工具与"环形阵列"工具的用法类似。执行命令后，根据命令行提示，依次选取要阵列的洞、阵列中心点、阵列数目和旋转角度总和，即可完成洞的环形阵列，如图 8-44 所示。

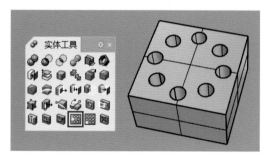

图 8-44　以洞做环形阵列

2. 以洞做阵列（ArrayHole）

"以洞做阵列"工具与"矩形阵列"工具的用法类似。执行命令后，根据命令行提示，依次选取要阵列的洞、A 方向洞的数目、B 方向洞的数目、基准点、A 的方向和距离、B 的方向和距离，确定后完成洞的矩形阵列，如图 8-45 所示。

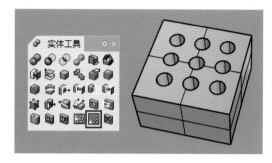

图 8-45　以洞做阵列

8.10.7　取消修剪洞 / 取消修剪全部洞

"取消修剪洞 / 取消修剪全部洞"即删除一个洞或一次全部删除所有洞，使之恢复为建立洞之前的曲面。执行"取消修剪洞"命令后，按命令行提示"选取要删除的洞的边缘"，选取后即可删除洞；如果执行"取消修剪全部洞"，根据提示"选取要删除所有洞的面："，则所有洞可一次性删除，非常方便，如图 8-46 所示。

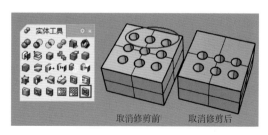

取消修剪前　　　　取消修剪后

图 8-46　取消修剪洞

8.11 实例演练

本部分将学习两个实例：汤锅和银质水壶。通过实例演练，巩固本章所学，并综合运用之前所学知识。

8.11.1 汤锅

汤锅

图 8-47 汤锅

从结构上看，汤锅模型可分为上部的抓握部分、中部的锅体部分和下部的支撑部分。在汤锅模型创建中，主要应用了实体的创建与编辑工具，先利用旋转成洞工具做出汤锅主体部分，然后再综合其他工具做出底部支撑、上部立柱和把持部分。

主要命令：

实体创建类：圆柱体、挤出曲面成锥状、挤出曲面。

实体编辑类：旋转成洞、抽离曲面、建立圆洞、布尔运算联集。

曲面创建类：以平面曲线创建曲面、放样。

编辑工具类：插入节点、抽离结构线。

具体操作步骤如下：

1. 创建圆柱体

单击"建立实体"工具箱中的"圆柱体"工具，在透视图中创建一个圆柱体，如图 8-48 所示。

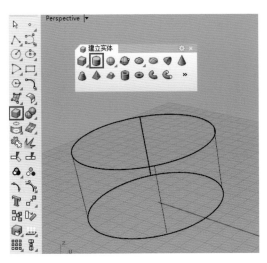

图 8-48 创建圆柱体

2. 创建曲线

单击"控制点曲线"工具，在前视图中绘制一条如图 8-49 所示的曲线，注意曲线的首尾两个端点在一条竖线上，并且曲线两端的垂直距离要长于圆柱体高度。

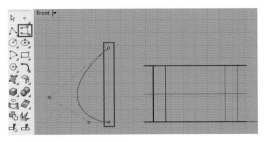

图 8-49 创建曲线

3. 旋转成洞

单击"实体工具"工具箱中的"旋转成洞"工具，在圆柱体上创建一个洞，如图 8-50 所示，具体操作步骤如下：

（1）选择曲线，然后捕捉曲线底端点为基准点，如图 8-50 所示。

（2）选择圆柱体的底面为基准面。

（3）在命令行单击"反转"选项，然后开启"中心点"捕捉模式，再捕捉底面的中心点指定为洞的中心点，最后确认完成操作，如图 8-51 所示。

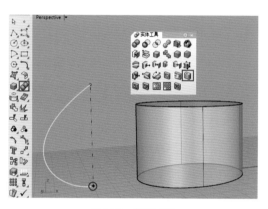

图 8-50　旋转成洞

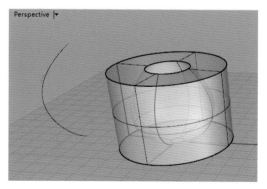

图 8-51　"旋转成洞"结果

4. 抽离曲面

单击"实体工具"工具箱中的"抽离曲面"工具，将上一步创建的洞内侧曲面抽离出来，

如图 8-52 所示，然后将其他曲面删除，得到如图 8-53 所示的模型。

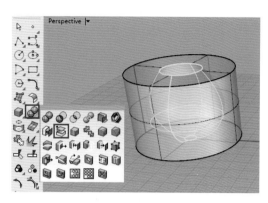

图 8-52　抽离曲面

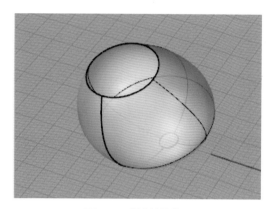

图 8-53　删除其他曲面

5. 增加结构线

将鼠标放置在"打开点/关闭点"工具上，按住鼠标左键不动，系统即打开"点的编辑"工具箱，在该工具箱中单击"插入节点"工具，按命令行提示，在如图 8-54 所示的位置增加一条结构线。

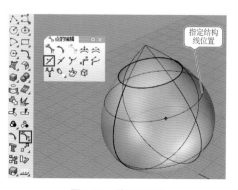

图 8-54　增加结构线

6. 抽离结构线

将鼠标放置在"投影曲线"工具上，按住鼠标左键不动，系统即打开"从物件建立曲线"工具箱，在该工具箱中单击"抽离结构线"工具，按命令行提示，选择曲面，将曲面的结构线抽离，如图 8-55 所示。

注意：抽离结构线的目的是为下一步操作中洞的放置位置定位。

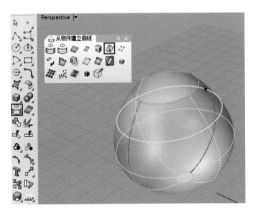

图 8-55　抽离结构线

7. 建立圆洞

打开界面下方的"物件锁点"，勾选"交点"捕捉模式，单击"实体工具"工具箱中的"建立圆洞"工具，接着按命令行提示选择曲面，并分别捕捉结构线交点放置圆洞，如图 8-56 所示，创建完成效果如图 8-57 所示。

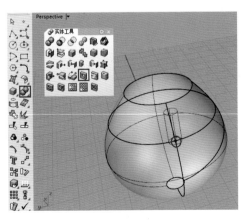

图 8-56　建立圆洞

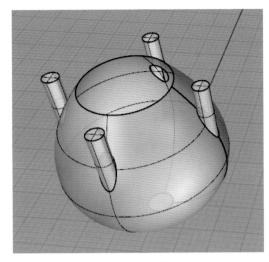

图 8-57　"建立圆洞"结果

8. 建立底部曲面

在"建立曲面"工具箱中单击"以平面曲线创建曲面"工具，选择底面的边缘创建曲面，如图 8-58 所示。

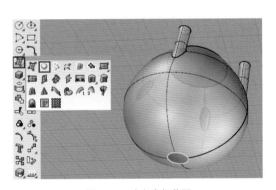

图 8-58　建立底部曲面

9. 将曲面挤成锥状

打开"建立实体"工具箱，继续打开其中的"挤出曲面"工具箱，单击"挤出曲面成锥状"工具，按命令行提示，以 -70° 的拔模角度将上一步创建的曲面向下挤出成锥状，如图 8-59 所示。

10. 创建两个同心圆

在"圆"工具箱中单击"圆:直径"工具，勾选"四分点"捕捉模式，绘制如图 8-60 所示的两个同心圆。

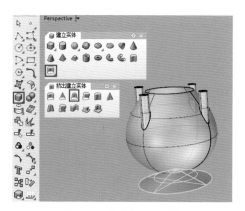

图 8-59　挤出曲面成锥状

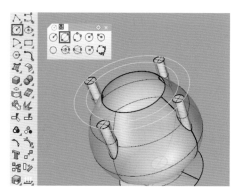

图 8-60　创建两个同心圆

11. 放样曲面

单击"建立曲面"工具箱中的"放样"
工具，对上一步绘制的两个圆进行放样，如
图 8-61 和图 8-62 所示。

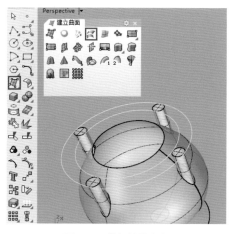

图 8-61　执行放样命令

图 8-62　放样结果

12. 挤出曲面

打开"建立实体"工具箱，单击"挤出
曲面"工具，选择上一步创建的曲面向下挤
出，如图 8-63 所示。

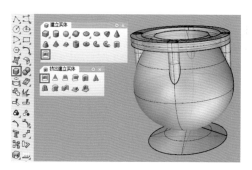

图 8-63　挤出曲面

13. 布尔运算

单击"布尔运算联集"工具，对上一步
创建的物体和原物体进行联集运算，结果如
图 8-64 所示。

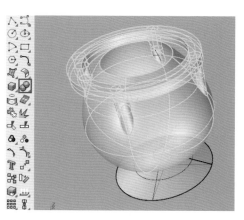

图 8-64　布尔运算联集

14. 模型渲染

给模型赋予适当材质, 渲染效果如图 8-47 所示。

8.11.2　银质水壶

银质水壶 (见图 8-65) 模型从结构上主要由壶身、壶盖、壶柄、壶嘴和底部支撑共五部分组成。模型创建过程中, 综合运用了之前所学的点、线、面、体的创建和编辑方面的多种命令, 是一个综合性很强的建模练习实例。

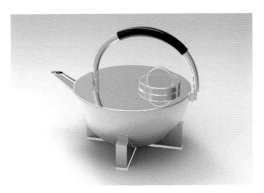

图 8-65　银质水壶

主要命令:

实体创建类: 球体、立方体、圆柱体、圆锥体、圆管、挤出封闭的平面曲线、挤出曲面。

实体编辑类: 布尔运算差集、边缘圆角、抽离曲面。

曲面创建类: 直线挤出。

曲面编辑类: 偏移曲面、混接曲面、曲面圆角。

点线创建类: 控制点曲线、直线。

编辑工具类: 分割、修剪、炸开、组合、移动、旋转、镜像、复制、设定工作平面至物件、分析方向 / 反转方向、图层等。

具体操作步骤如下:

8.11.2.1　制作壶身基础模型

1. 创建球体

在 "建立实体" 工具箱中单击 "球体: 中心点: 半径" 工具, 同时开启 "锁定格点" 功能, 捕捉坐标原点创建图 8-66 所示的球体。

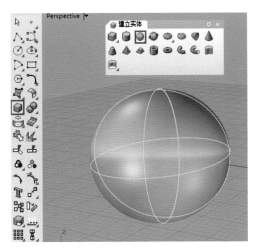

图 8-66　创建球体

2. 创建立方体

在 "建立实体" 工具箱中单击 "立方体: 角对角、高度" 工具, 在 Top (顶) 视图中确定立方体的顶面, 然后在 Perspective (透视) 视图中确定立方体的高度, 如图 8-67 所示。

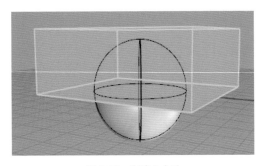

图 8-67　创建立方体

3. 布尔运算差集

开启"正交"功能,在 Perspective(透视)视图中将立方体在上下方向拖曳至如图 8-68 所示的位置;然后在"实体工具"工具箱中单击"布尔运算差集"工具,选择球体作为被减物体,确认之后,选择立方体作为要减去的物体,最后再次确认完成运算,得到壶身的基础模型,如图 8-69 所示。

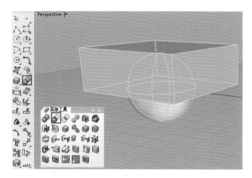

图 8-68　移动立方体

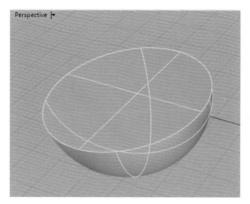

图 8-69　布尔运算差集

8.11.2.2　制作壶盖

1. 创建圆柱体

在"建立实体"工具箱中单击"圆柱体"工具,然后在命令行中单击"实体"选项,设置"实体"为"否",接着在 Top(顶)视图中捕捉 x 轴上的点指定底面圆的圆心,最后在 Perspective(透视)视图中指定圆柱体的高度,如图 8-70 所示。

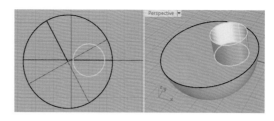

图 8-70　创建圆柱体

2. 用圆柱体分割球体

在透视图中设置显示模式为"半透明模式",单击"分割/以结构线分割曲面"工具,然后选择半球,确认,接着选择圆柱面,再次确认结束分割,如图 8-71 所示。

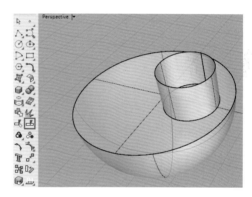

图 8-71　用圆柱体分割球体

3. 移动圆柱面

调整模型的显示模式为"着色模式",然后选择圆柱体,并按 Delete 键删除,接着选择分割出来的圆柱面,并在前视图中将其垂直向上拖曳,移动后的效果如图 8-72 所示。

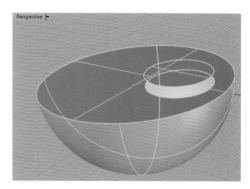

图 8-72　移动圆柱面

4. 挤出封闭的平面曲线

在"建立实体"工具箱的"挤出建立实体"子工具箱中单击"挤出封闭的平面曲线"工具，然后选择半球上圆形洞口的边向下挤出，如图 8-73 所示。

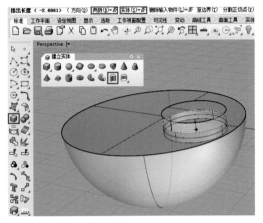

图 8-73　挤出封闭的平面曲线

5. 组合曲面和半球

使用"组合"工具组合上一步挤出的面和半球，如图 8-74 所示。

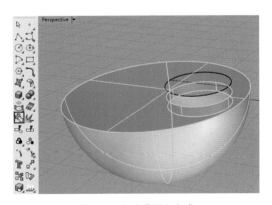

图 8-74　组合曲面和半球

6. 边缘圆角

在"实体工具"工具箱中单击"边缘圆角 / 不等距边缘混接"工具，以 0.5 的圆角半径对图 8-75 所示的边进行圆角处理。

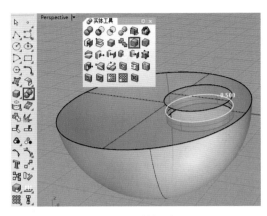

图 8-75　边缘圆角

7. 挤出封闭的平面曲线

再次启用"挤出封闭的平面曲线"工具，将圆形面的边缘向下挤出至洞口处，如图 8-76 所示。

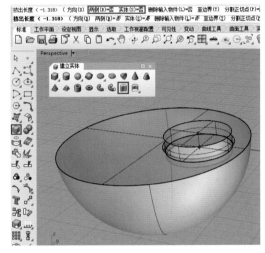

图 8-76　挤出封闭的平面曲线

8. 组合曲面并边缘圆角

使用"组合"工具将上一步挤出的面和圆形面合并为一个多重曲面，然后在"实体工具"工具箱中单击"边缘圆角 / 不等距边缘混接"工具，以 0.2 的半径对图 8-77 所示的边进行圆角处理。

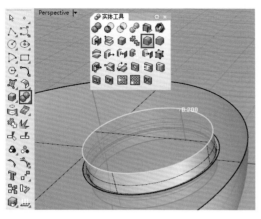

图 8-77　边缘圆角

9. 创建圆柱体

在"建立实体"工具箱中单击"圆柱体"工具，打开界面下方"物件锁点"，勾选"中心点"，在透视图中捕捉壶盖的圆心作为圆柱体的底面圆心，在前视图中指定圆柱体的底面圆半径，再回到透视图中指定圆柱体的高度，创建一个圆柱体，如图 8-78 所示。

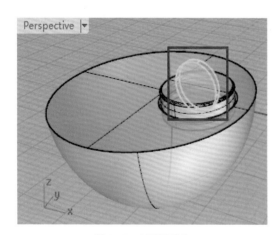

图 8-78　创建圆柱体

10. 修剪圆柱体

调整模型的显示模式为"半透明模式"，然后单击"修剪 / 取消修剪"工具，接着选择壶盖曲面作为切割用的物件，确认后单击上一步创建的圆柱体的下半部分，将该部分剪掉，如图 8-79 所示；模型效果如图 8-80所示。

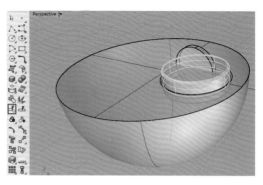

图 8-79　修剪圆柱体

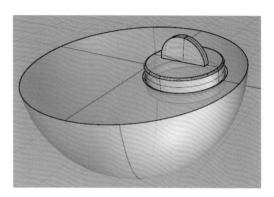

图 8-80　修剪结果

11. 边缘圆角

调整模型的显示模式为"着色模式"，然后单击"边缘圆角 / 不等距边缘混接"工具，以 0.2 的半径对图 8-81 所示的两条边进行圆角处理。

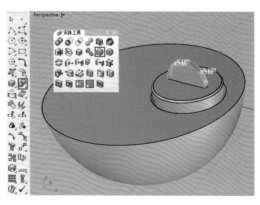

图 8-81　边缘圆角

8.11.2.3　制作壶把手

1. 绘制壶把手曲线

使用"控制点曲线 / 通过数个点的曲线"工具在前视图中绘制如图 8-82 所示的曲线。

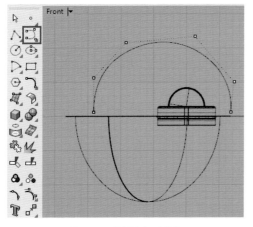

图 8-82　绘制壶把手曲线

2. 建立圆管

在"建立实体"工具箱中单击"圆管（圆头盖）"工具，然后选择上一步绘制的曲线，接着在曲线起点和终点处指定两个相同半径的截面圆，再将光标移动到曲线的中间部分，指定一个大一些的截面圆，如图 8-83 所示。定义好截面圆后，按 Enter 键或右击，即可根据截面圆建立圆管模型，效果如图 8-84 所示。

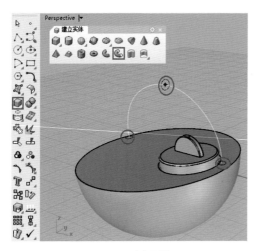

图 8-83　建立圆管

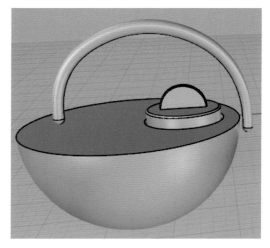

图 8-84　圆管模型

3. 炸开曲面

单击"炸开 / 抽离曲面"工具，将上一步创建的圆头管模型炸开成单面，如图 8-85 所示。

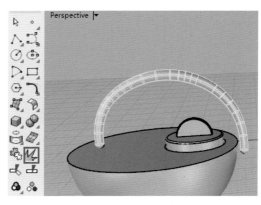

图 8-85　炸开圆管

4. 分割圆管

右击"分割 / 以结构线分割曲面"工具，然后选择圆管模型，并按 Enter 键确认，接着在图 8-86 所示的两处位置进行分割。

5. 偏移曲面

选择分割后的中间部分的曲面，然后使用"曲面工具"工具箱中的"偏移曲面"工具将其向外偏移 0.2 个单位，如图 8-87 所示。

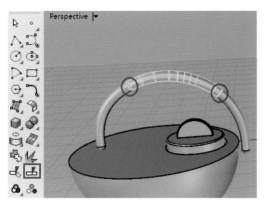

图 8-86 分割圆管

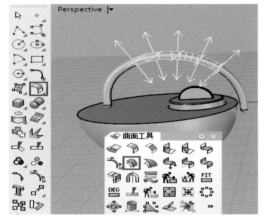

图 8-87 偏移曲面

6. 组合曲面

使用"组合"工具将之前分割的 3 个曲面和两个圆头曲面组合为一个多重曲面，如图 8-88 所示。

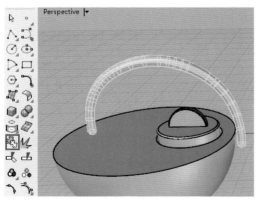

图 8-88 组合曲面

7. 偏移曲面

选择图 8-87 中偏移得到的曲面，然后使用"曲面工具"工具箱中的"偏移曲面"工具将其向内偏移 0.15 个单位，如图 8-89 所示。

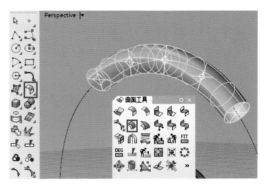

图 8-89 偏移曲面

8. 混接曲面

单击"曲面工具"工具箱中的"混接曲面"工具，然后依次选择两个偏移曲面的圆形边线，并右击打开"调整曲面混接"对话框，接着在该对话框中设置连续性为"曲率"，单击"锁定"按钮，使其锁定，再设置两个滑块的值都为 0.4，如图 8-90 所示，最后单击"确定"按钮得到混接曲面。

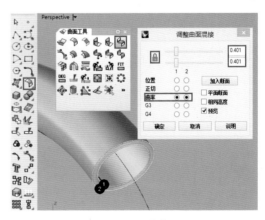

图 8-90 混接曲面

使用相同的方法在两个偏移曲面的另一端也创建一个混接曲面，然后使用"组合"工具组合两个混接曲面和偏移曲面，接着将组合后的曲面移动到"图层 01"中。

9. 创建立方体

在"建立实体"工具箱中单击"立方体：角对角、高度"工具，在右视图中创建一个小立方体，然后将其拖曳至图 8-91 所示的位置。

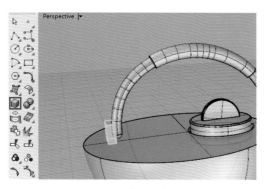

图 8-91　创建立方体

10. 旋转立方体

在"变动"工具箱中单击"2D 旋转 /3D 旋转"工具，在前视图中对上一步创建的立方体进行旋转，如图 8-92 所示。

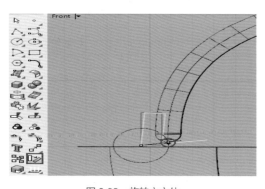

图 8-92　旋转立方体

11. 镜像立方体

在"变动"工具箱中单击"镜像 / 三点镜像"工具，在前视图中镜像复制旋转后的小立方体，如图 8-93 所示。

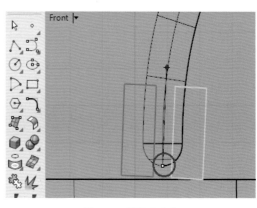

图 8-93　镜像立方体

12. 复制立方体

在"变动"工具箱中单击"复制"工具，同时打开"物体锁点"，勾选"端点"，将两个小立方体从圆头管的端点处复制一份到另一端的端点处。

13. 旋转立方体

在"变动"工具箱中单击"2D 旋转 /3D 旋转"工具，对复制得到的立方体进行旋转，如图 8-94 所示。

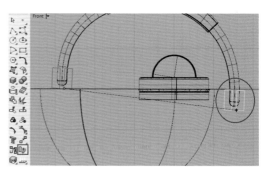

图 8-94　旋转立方体

14. 布尔运算差集

单击"布尔运算差集"，然后选择圆头管为被减物件，右击确认选择，接着依次选择 4 个小立方体，如图 8-95 所示，最后按 Enter 键结束操作，得到如图 8-96 所示的模型。

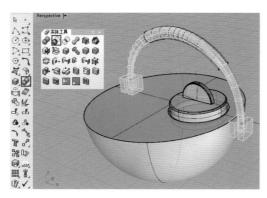

图 8-95　布尔运算差集

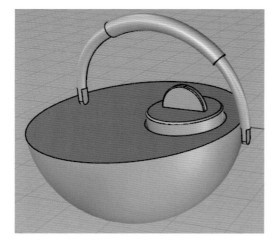

图 8-96　布尔运算结果

15. 抽离曲面

单击"抽离曲面"工具，将如图 8-97 所示的两个端面抽离出来，然后选择抽离出来的曲面，进行复制并原位粘贴，最后使用"组合"工具重新组合端面和圆头管。

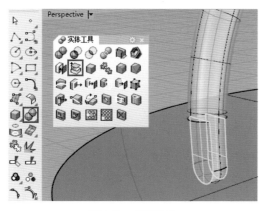

图 8-97　抽离曲面

16. 设定工作平面至物件

在"标准"选项卡的"工作平面"工具箱中单击"设定工作平面至物件"工具，然后选择如图 8-98 所示的曲面，将工作平面定位在该面所在的位置上。

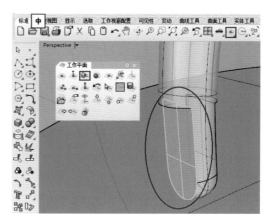

图 8-98　设定工作平面至物件

17. 旋转曲面

在"变动"工具箱中单击"2D 旋转 /3D 旋转"工具，对复制得到的端面进行旋转，如图 8-99 所示。

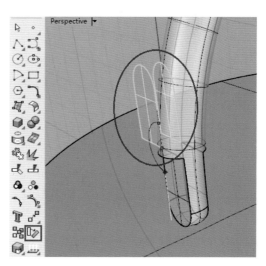

图 8-99　旋转曲面

18. 移动曲面

在"变动"工具箱中单击"移动"工具，

然后选择上一步旋转后的两个面，并按 Enter
键确认，接着勾选"四分点"和"中点"捕
捉模式，捕捉端面的中点作为移动的起点，
再捕捉圆头管的四分点作为移动的终点，如
图 8-100 所示。

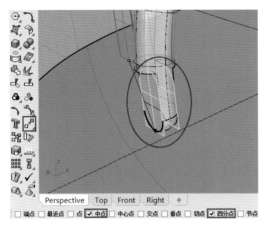

图 8-100　移动曲面

19. 挤出封闭的平面曲线

在"建立实体"工具箱中单击"挤出封
闭的平面曲线"工具，选择移动后的一个曲
面边缘，将其挤出至如图 8-101 所示的四分
点位置上。

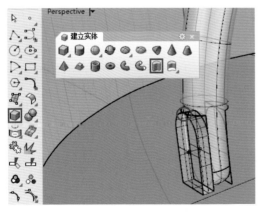

图 8-101　挤出封闭的平面曲线

20. 移动挤出的实体

使用相同的方法挤出另一个曲面边线，
然后将两个挤出的实体模型向下拖曳一段距
离，如图 8-102 所示。

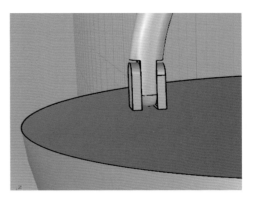

图 8-102　移动挤出的实体

21. 抽离曲面

在"实体工具"工具箱中单击"抽离曲面"
工具，将如图 8-103 所示的两个底面抽离。

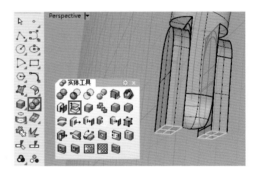

图 8-103　抽离曲面

22. 挤出曲面

在"建立实体"工具箱中单击"挤出曲面"
工具，将分离出来的两个面挤出，如图 8-104 所示。

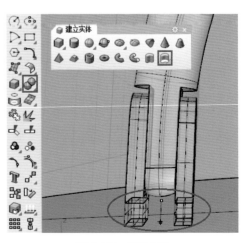

图 8-104　挤出曲面

23. 修剪曲面

单击"修剪/取消修剪"工具,将上一步挤出的模型位于壶身内的部分剪掉,如图 8-105 所示。最后再使用相同的方法创建圆头管另外一端的造型,如图 8-106 所示。

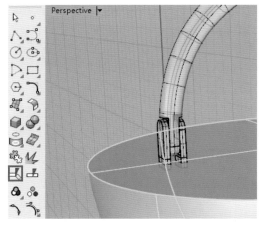

图 8-105 修剪曲面

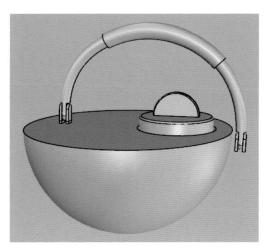

图 8-106 壶柄模型效果

8.11.2.4 制作壶嘴

1. 创建直线

单击"直线"工具,在前视图中绘制如图 8-107 所示的两条直线。

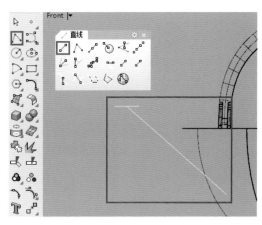

图 8-107 绘制直线

2. 创建圆锥体

在"建立实体"工具箱中单击"圆锥体"工具,在前视图中创建一个圆锥体,步骤如下:

(1)在命令行中单击"方向限制"选项,再单击"环绕曲线"选项,然后选择上一步绘制的倾斜曲线;

(2)捕捉倾斜曲线的右下端点确定圆柱体底面的中心点,然后再指定一点确定底面的半径(不要超过壶体),如图 8-108 所示;

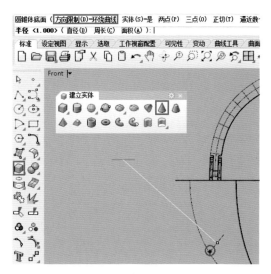

图 8-108 创建圆锥体 1

（3）沿着倾斜直线指定一点确定圆锥体的顶点，使其刚好将水平线包含在内，如图 8-109 所示。

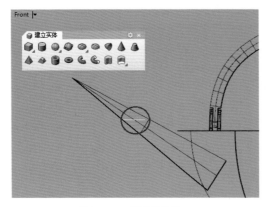

图 8-109　创建圆锥体 2

3. 绘制直线

单击"直线"工具，然后在命令行单击"两侧"选项，接着在前视图中捕捉水平直线的右端点绘制一条如图 8-110 所示的直线。

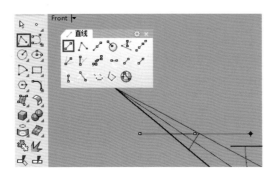

图 8-110　绘制直线

4. 直线挤出

在"建立曲面"工具面板中单击"直线挤出"工具，然后选择上一步绘制的直线，并按 Enter 键确认，接着在命令行单击"两侧"选项，将其设置为"是"，再单击"方向"选项，设置挤出方向为 y 轴方向，最后拖曳鼠标挤出一个水平面，如图 8-111 所示。

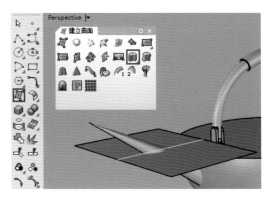

图 8-111　直线挤出

5. 反转曲面方向

右键单击"分析方向 / 反转方向"工具，选择上一步创建的平面，将其方向反转。

6. 布尔运算差集

在"实体工具"工具箱中单击"布尔运算差集"工具，先选择圆锥体，确认之后再选择平面，确认后结果如图 8-112 所示。

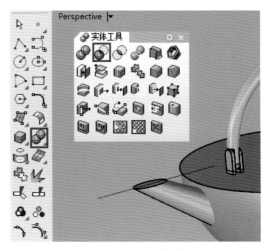

图 8-112　布尔运算差集

7. 曲面圆角

单击"曲面圆角"工具，设置圆角半径为 1，然后分别选择壶体和壶嘴，结果如图 8-113 所示。

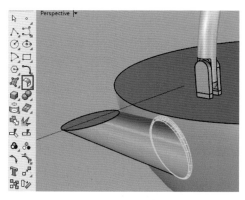

图 8-113　曲面圆角

使用同样的方法对壶嘴斜面和平面进行圆角，圆角半径为 0.1，完成圆角后隐藏壶嘴平面，结果如图 8-114 所示。

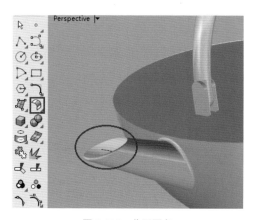

图 8-114　曲面圆角

8. 创建立方体

单击"立方体：角对角、高度"工具，创建一个如图 8-115 所示的立方体。

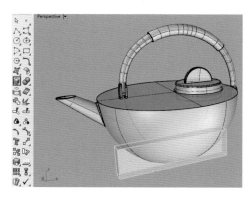

图 8-115　创建立方体

9. 旋转复制立方体

在"变动"工具箱中单击"2D 旋转 /3D 旋转"工具，然后选择上一步创建的立方体，确认之后在命令行单击"复制"选项，设置"复制"为"是"，最后捕捉壶体顶部的圆心为旋转的中心点，并在命令行输入 90，将其旋转复制 90 度，如图 8-116 所示。

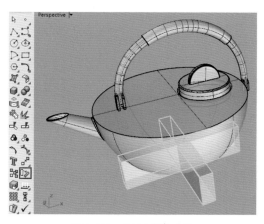

图 8-116　旋转复制立方体

10. 布尔运算差集

单击"布尔运算差集"工具，选择半球体，并右击，然后在命令行单击"删除输入物件"选项，设置其为"否"，接着选择两个立方体，同样右击，如图 8-117 所示。

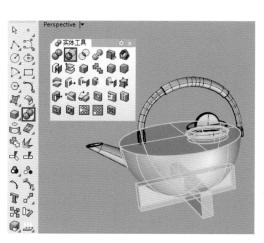

图 8-117　布尔运算差集

11. 边缘圆角

单击"实体工具"工具箱中的"边缘圆角／不等距边缘混接"工具，对壶体上边缘以 0.2 的半径进行圆角处理，如图 8-118 所示，结果如图 8-119 所示。

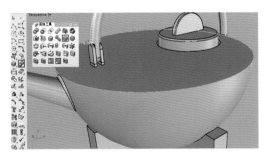

图 8-118　边缘圆角

图 8-119　边缘圆角效果

12. 图层管理

单击标准工具栏上的"切换图层面板"工具，在打开的"图层"选项卡中创建 3 个图层，分别命名为"线""塑胶部分"和"金属部分"，并分别设置颜色。

选择建模过程中创建的所有线，将其移动至"线"图层，如图 8-120 所示。

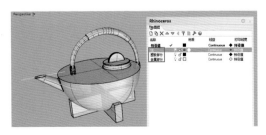

图 8-120　管理"线"图层

选择图 8-121 中所示的壶柄中间部分，将其移动至"塑胶图层"。

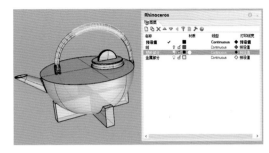

图 8-121　管理"塑胶部分"图层

选择图 8-122 中所示的模型部分，将其移动至"金属图层"。

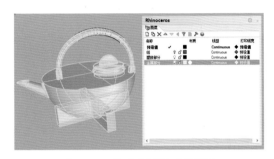

图 8-122　管理"金属部分"图层

分层管理后的模型效果如图 8-123 所示。

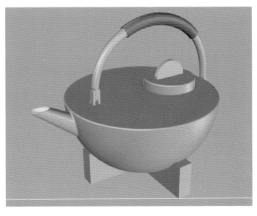

图 8-123　模型效果

13. 模型渲染

对各个图层分别设置相应材质后进行渲染，渲染效果如图 8-65 所示。

第 9 章

网格建模

网格建模是一种应用比较广泛的建模方式，Rhino 软件虽然是一款基于 NURBS 的曲面建模软件，但它对网格建模也有基本的支持，以使网格模型与曲面模型之间实现快速转换。本章将简要介绍 Rhino 中的网格建模。

9.1　网格概述

在 Rhino 中，网格是指若干定义多面体形状的顶点和多边形的集合，包含三角形和四边形面片。

网格对象没有几何控制参数，采用的是局部的次级构成元素控制方式，因此，网格建模主要是通过编辑"节点""边""面"和"多边形"等次级结构对象来创建复杂的三维模型。

NURBS 建模和网格建模是两种不同的建模方式。NURBS 建模的理念是曲线概念，其物体都是一条条曲线构成的面；而网格建模是由一个个面构成物体。NURBS 建模方式侧重于工业产品的建模，而网格建模方式侧重于角色、生物建模，其修改起来比 NURBS 方便。

9.2　创建网格模型

Rhino 软件中，创建网格模型的命令有以下三种执行方式：一是通过“建立网格”工具箱执行，如图9-1所示；二是通过“网格工具”选项卡执行，如图9-2所示；三是从“网格”主菜单中执行，如图9-3所示。用户可根据自己的操作习惯，选用适当的交互方式。

图 9-1　“建立网格”工具箱

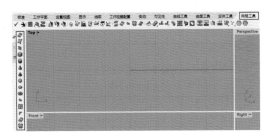

图 9-2　“网格工具”选项卡

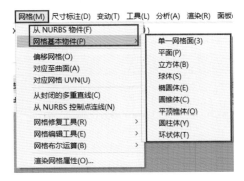

图 9-3　“网格”主菜单

9.2.1　转换曲面 / 多重曲面为网格

首先在视图中创建一个 NURBS 球体，然后在“建立网格”工具箱中单击“转换曲面 / 多重曲面为网格”图标，命令行提示“选取要转换网格的曲面、多重曲面或挤出物件：”，在视图中选取球体，确定后弹出一个如图9-4所示的“网格选项”对话框，用以决定转换后网格面的多少。网格面较多时，模型较精细，但占用内存也较多；反之亦然。因此，可根据需要确定网格面的多少，系统默认为中等，确定后完成模型的转换，效果如图9-5所示。

图 9-4　“网格选项”对话框

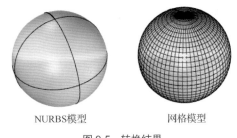

NURBS模型　　　　　网格模型

图 9-5　转换结果

9.2.2　单一网格面

使用“单一网格面”工具可以创建一个3D 网格面，该工具用法与之前所学的“指定三或四个角建立曲面”工具相同，只是创建的模型类型不同。

在“建立网格”工具箱中单击“单一网格面”图标，命令行提示“多边形的第一角：”，在视图中单击确定后，接着不断提示

"第二角""第三角"等，直至回车确定后完成单一网格面的创建，如图9-6所示。

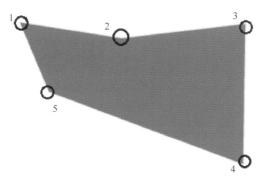

图9-6 单一网格面

9.2.3 网格平面

使用"网格平面"工具可以创建矩形网格平面，默认以指定对角点的方式创建，此外，还有其他创建方式，具体参见命令行括号中的选项。

在"建立网格"工具箱中单击"网格平面"图标后，按照命令行提示确定矩形的两个对角即可创建一个网格平面，如图9-7所示。

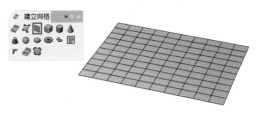

图9-7 网格平面

9.2.4 创建网格标准体

在"建立网格"工具箱中，系统还提供了7种标准体，分别为"网格立方体"、"网格圆柱体"、"网格圆锥体"、"网格平顶锥体"、"网格球体"、"网格椭圆体"和"网格环状体"。

各种网格标准体的创建方法与"建立实体"工具箱中标准实体的创建一样，不同之处在于，创建网格标准体时，命令行括号会多出一些控制网格数的选项，如图9-8所示。

指令: _MeshBox
底面的第一角（对角线(D) 三点(P) 垂直(V) 中心点(C) X数量(X)=10 Y数量(Y)=10 Z数量(Z)=10)：

图9-8 创建网格立方体的命令行

由于网格标准体的创建比较简单，在此不再赘述，创建结果如图9-9所示。

网格立方体　网格圆柱体　网格圆锥体　网格平顶锥体　网格球体　网格椭圆体　网格环状体

图9-9 网格标准体

9.3 网格编辑

网格编辑主要用于对网格对象进行编辑修改，在界面左侧主工具条的"转换曲面/

多重曲面为网格"图标上按住鼠标左键,即可弹出"网格工具"工具箱,该工具箱中提供了 36 种与网格编辑有关的工具,如图 9-10 所示。

图 9-10 "网格工具"工具箱

此外,"网格工具"选项卡中以及"网格"主菜单中也提供了网格编辑的相关工具。由"网格"主菜单可见,网格编辑工具主要有三大类,分别为:

(1)网格修复工具,用于修复网格模型,共有 11 个,如图 9-11 所示。

(2)网格编辑工具:主要用于熔接、修剪、分割网格等编辑操作,共有 13 个工具,如图 9-12 所示。

(3)网格布尔运算:包括并集、差集、交集和布尔运算分割共 4 个工具,网格的布尔运算与实体的布尔运算完全相同,只是操作对象不同,如图 9-13 所示。

除了这三大类共 28 个工具之外,还有一些其他编辑工具,零星分布于工具箱中或菜单中。由于网格建模在 Rhino 软件中并不常用,因此在此不再详细介绍,了解即可。

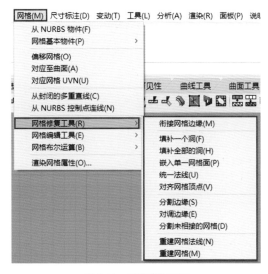

图 9-11 网格修复工具

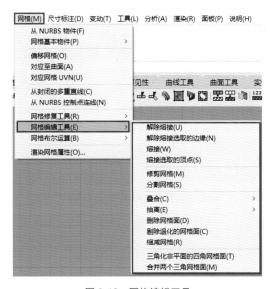

图 9-12 网格编辑工具

图 9-13 网格布尔运算

9.4 网格面的导入与导出

9.4.1 导入网格面

Rhino 中网格面的导入可分为两种情况：一是同类软件之间的导入；二是不同类软件之间的导入。

1. 同类软件之间的导入

Rhino 软件有个特点，即可以同时打开多个窗口，每个窗口只能编辑一个文件。因此，当一个窗口中的模型需要导入到另一个窗口时，就会涉及同类软件之间的导入。操作非常简单，复制加粘贴即可，即在一个窗口中复制模型，将其粘贴到另一个窗口中去。

2. 不同类软件之间的导入

不同类软件的导入主要是通过执行"文件"主菜单下的"打开"或"导入"或"从文件导入"命令来实现，如图 9-14 所示。

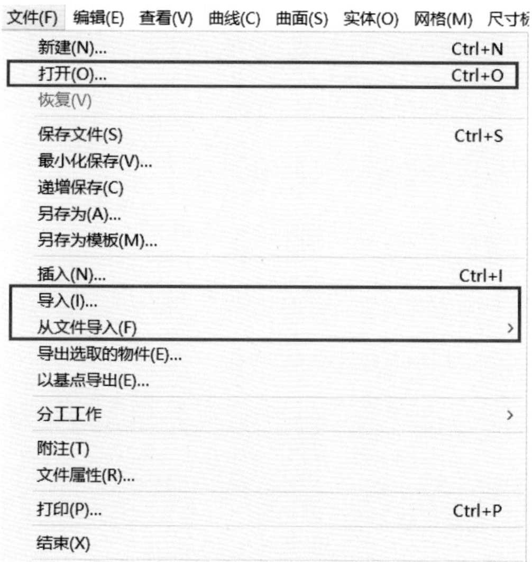

图 9-14 导入命令

9.4.2 导出网格面

Rhino 中网格面的导出也可分为两种情况：一种是直接导出；另一种是先在 Rhino 中网格化，再进行导出。

1. 直接导出

通过执行"文件"主菜单中的"另存为"或"导出选取的物件"或"以基点导出"命令来实现直接导出，如图 9-15 所示。

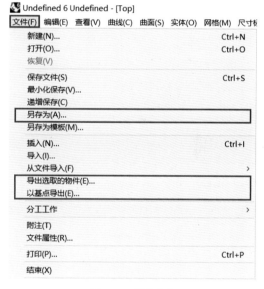

图 9-15 导出命令

在这三种导出方式中，执行"另存为"命令将直接打开"储存"对话框；执行"导出选取的物件"命令将直接打开"导出"对话框；而执行"以基点导出"命令还需要在视图中先指定基点才能打开"导出"对话框。

无论以上哪种方式打开的对话框，在

其"保存类型"列表中均列出了几十种文件格式，常用的导出格式有 .3ds、.dwg、.dxf、.igs、.obj、.stl 以及 .step 等，用户可选择需要的格式进行导出，如图 9-16 所示。

2.先网格化再导出

　　该方式是在 Rhino 中使用"转换曲面 / 多重曲面为网格"工具将 NURBS 模型转换为网格模型，然后再通过执行"文件"主菜单中的"另存为""导出选取的物件"或"以基点导出"命令进行导出。

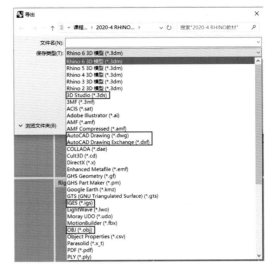

图 9-16　导出格式

第 *10* 章

尺寸标注

尺寸是模型的重要组成部分，它反映了模型的大小和不同组件之间的相对位置，因此合理的尺寸标注是非常重要和必要的。Rhino 软件具有生成 2D 图面的功能，因此用户可在生成的 2D 图面上对模型进行合理的尺寸标注和必要的注解。若想建立详细的工程图纸，可将生成的 2D 视图导入到 Auto-CAD 软件中进行编辑处理。

执行尺寸标注命令有三种交互方式：

（1）在"尺寸标注"主菜单中执行命令；

（2）在"尺寸标注"选项卡中执行命令；

（3）在命令行输入"DIM"命令执行。

用户可根据自己的操作习惯，选用适当的交互方式。

10.1　直线类尺寸标注

10.1.1　直线尺寸标注

直线尺寸标注┗┒用于对水平边或垂直边

进行尺寸标注。

首先创建一条多重直线，执行"直线尺寸标注"命令，命令行提示"尺寸标注的第一点:"，此时可打开界面下方的"物件锁点"，勾选"端点"选项，即可通过捕捉物件的端点来进行精确的尺寸标注，鼠标移到要标注的尺寸的一个端点附近，出现"端点"提示后单击鼠标确定；命令行提着提示"尺寸标注的第二点:"，用同样的方法确定另一个端点；命令行接着提示"标注线位置:"，此时移动鼠标确定标注线位置，确定后完成一条水平直线尺寸的标注；用同样的方法可进行垂直直线尺寸的标注，结果如图10-1所示。

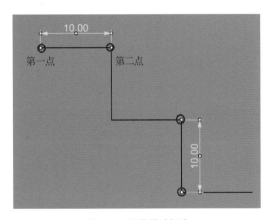

图 10-1　直线尺寸标注

10.1.2　对齐尺寸标注

对齐尺寸标⚓用于对斜线进行尺寸标注。

首先创建一条多重直线，执行"对齐尺寸标注"命令，命令行提示"尺寸标注的第一点:"，捕捉要标注尺寸的一个端点，单击确定；命令行提着提示"尺寸标注的第二点:"，用同样的方法确定另一个端点；命令行接着提示"标注线位置:"，此时移动鼠标确定标注线位置，确定后完成对齐尺寸的标注，结果如图10-2所示。

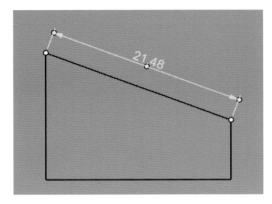

图 10-2　对齐尺寸标注

10.1.3　旋转尺寸标注

旋转尺寸标注可以对直线或斜线进行尺寸标注，同时允许该尺寸标注旋转一定角度。该命令的操作步骤与直线尺寸标注和对齐尺寸标注类似，只是多了一个旋转角度参数。

首先创建一个矩形，执行"旋转尺寸标注"命令，命令行提示"旋转角度"，输入角度确定，后续操作与前述完全相同，不再赘述，完成的标注效果如图10-3所示。

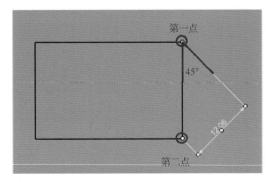

图 10-3　旋转尺寸标注

10.2 圆弧类尺寸标注

10.2.1 半径尺寸标注

半径尺寸标注用来标注半径尺寸。

首先创建一条圆弧，执行"半径尺寸标注"命令，命令行提示"选取要标注半径的曲线："，在视图中选取圆弧后，命令行接着提示"尺寸标注的位置："，移动鼠标，确定好位置后单击确认，完成半径尺寸的标注，如图 10-4 所示。

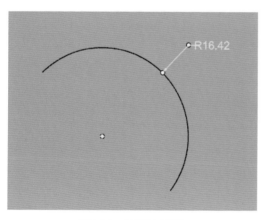

图 10-4　半径尺寸标注

10.2.2 直径尺寸标注

直径尺寸标注用来标注直径尺寸。

首先创建一个圆，执行"直径尺寸标注"命令，命令行提示"选取要标注直径的曲线："，在视图中选取圆后，命令行接着提示"尺寸标注的位置："，移动鼠标，确定好位置后单击鼠标左键确认，完成直径尺寸的标注，如图 10-5 所示。

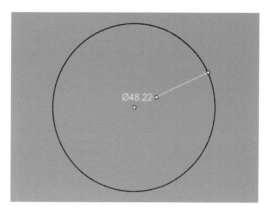

图 10-5　直径尺寸标注

10.2.3 角度尺寸标注

角度尺寸标注可以对两条直线的夹角或圆弧的圆弧角进行标注。

执行"角度尺寸标注"命令，命令行提示"选取圆弧或第一条直径："，在视图中选取第一条直线；命令行接着提示"选取第二条直线："，单击选取；命令行接着提示"尺寸标注的位置："，移动鼠标确定标注位置，完成两条直线之间角度的标注。

如果标注圆弧，可在视图中直接选取圆弧，确定后，移动鼠标确定标注位置后，完成圆弧角的标注。

标注结果如图 10-6 所示。

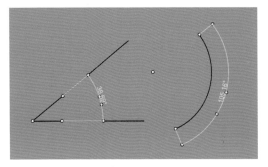

图 10-6　角度尺寸标注

10.3　其他标注

10.3.1　标注引线

标注引线可用来创建带箭头的引线以及可附加文字的注解。

如图 10-7 所示，拟注解出"圆弧角"几个文字，操作如下：执行"标注引线"命令后，按命令行提示分别指定第一个、第二个、第三个曲线点，确定后弹出图 10-8 所示的"标注引线"对话框，在对话框的文本框中输入要注解的文字，并设置文字的高度等属性，确定后，完成引线及文字注解的标注，如图 10-7 所示。

图 10-8　"标注引线"对话框

10.3.2　文字方块

文字方块命令可用于创建平面的文字注解。

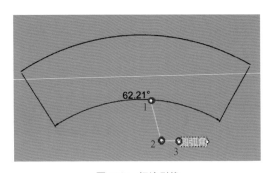

图 10-7　标注引线

执行命令后，弹出一个"编辑文本"对话框，在对话框下方的文本框中输入相应的文字，并在对话框中对文字的高度等参数进行设置，确定后命令行提示"指定点："，用鼠标指定一个点后完成文字方块的创建，如图 10-9 所示。

10.3.3　剖面线

剖面线命令用于在视图中创建剖面线。

执行命令后，命令行提示"选取曲线"，选取图 10-10 中的圆形曲线，命令行继续提示"选取曲线："，选取矩形曲线，确定后弹出"剖面线"对话框，在对话框中选择要填充的图案名称，并设置图案旋转角度和缩放比例等参数，确定后完成剖面线绘制工作，如图 10-10 所示。

图 10-9　文字方块

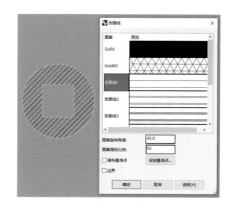

图 10-10　剖面线

10.4　注解样式

尺寸标注中与注解样式相关的命令有两个，分别为"设置当前注解样式"和"注解样式"。

10.4.1　设置当前注解样式

设置当前注解样式用于从系统提供的 4 种注解样式中选取一种作为当前的注解样式。执行"设置当前注解样式"命令，打开一个图 10-11 所示的"选取注解样式"对话框，单击右侧小箭头，会打开一个下拉列表，其中列举了 4 种注解样式，系统默认为"预设值"，用户可在下拉列表中选取需要的注解样式，确定后完成当前注解样式的设置。

图 10-11　设置当前注解样式

10.4.2　注解样式命令

注解样式命令主要用于编辑修改。执行"注解样式"命令后，将打开"文件属性"对话框的"注解样式"选项，如图 10-12 所示。中间的文本框中列出了"目前的注解样式"，可进行选择修改；右侧有 5 个按钮可用于编辑修改注解样式。

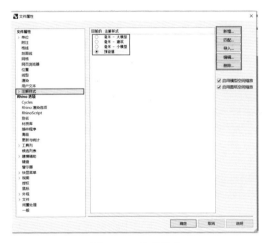

图 10-12　注解样式

新增… ：新增一个注解样式，单击"新增"按钮，打开图 10-13 所示的"新增注解样式"对话框，在其中可输入新增的注解样式的名称，以及选择"复制设置来源"，确定后完成新增。

匹配… ：匹配一个注解样式，单击"匹配"按钮后，打开一个与图 10-13 类似的对话框，在其中可选取"复制设置来源"，确定后完成匹配。

图 10-13　新增注解样式

导入… ：导入一个注解样式，单击"导入"按钮后，打开"导入注解和文本样式"对话框，在其中可选取要导入的注解样式，确定后完成导入，如图 10-14 所示。

图 10-14　导入注解样式

删除… ：删除一个注解样式。单击"删除"按钮后，弹出一个如图 10-15 所示的"删除确认"对话框，提醒用户是否确定要删除所选的注解样式,若选"是"则删除;若选"否"则取消删除。

图 10-15　删除注解样式

编辑... ：编辑修改一个注解样式。单击"编辑"按钮后，"文件属性"对话框右边切换为图 10-16 所示的样子，在此面板上可以编辑"样式名称""模型空间缩放比""调整文本高度"等参数，同时下方还有 8 个卷展栏，用以编辑样式的"字体""文本""尺寸标注""箭头""长度单位""角度单位""标注引线"和"公差"。

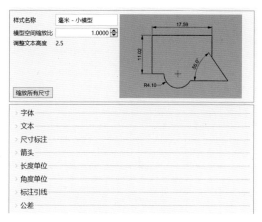

图 10-16　编辑注解样式

"字体"卷展栏：在该卷展栏中，通常需要设置的是标注的字体和高度，如图 10-17 所示。

图 10-17　"字体"卷展栏

"文本"卷展栏：该卷展栏主要用来设置多行文本的对齐方式，如图 10-18 所示。

图 10-18　"文本"卷展栏

"尺寸标注"卷展栏：该卷展栏主要用

来设置尺寸标注文本的对齐方式、标注线和延伸线的延伸长度、基线间距等参数，如图 10-19 所示。调整每个选项后，右上角的图示标注会动态显示，以便观察调整效果。

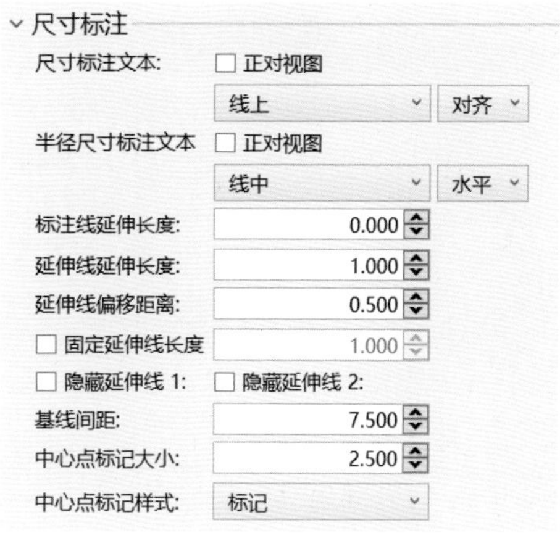

图 10-19　"尺寸标注"卷展栏

"箭头"卷展栏：该卷展栏主要用于设置箭头的形式和大小，包括引线箭头，如图 10-20 所示。

图 10-20　"箭头"卷展栏

"长度单位"卷展栏：该卷展栏主要用来设置单位格式、小数点后需保留的位数（即线性分辨率）等参数，如图 10-21 所示。

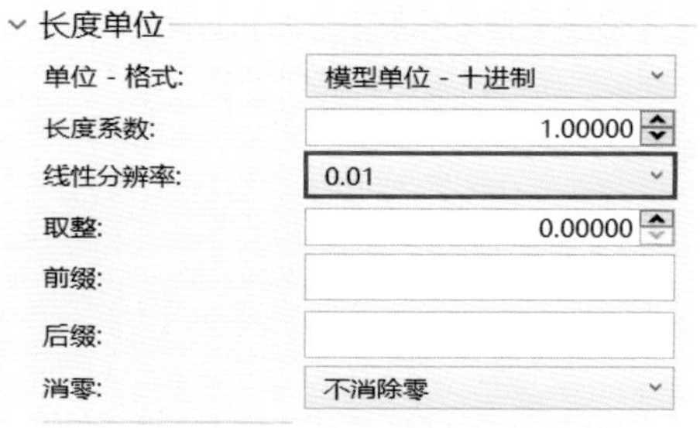

图 10-21　"长度单位"卷展栏

"角度单位"卷展栏：该卷展栏主要用来设置角度单位形式、小数点后需保留的位数（即角分辨率）等参数，如图10-22所示。

图 10-22　"角度单位"卷展栏

"标注引线"卷展栏：该卷展栏主要用来设置引线的类型和大小，以及引线文本的对齐方式，如图10-23所示。

图 10-23　"标注引线"卷展栏

"公差"卷展栏：该卷展栏主要用来设置公差样式、保留位数以及公差文本大小等，如图10-24所示。

图 10-24　"公差"卷展栏

以上设置最好在标注模型尺寸之前统一完成，以方便后续的尺寸标注。

10.5　建立 2D 图面

Rhino 软件是一个三维建模软件，但也提供了建立 2D 图面的功能，可用来生成所创建模型的二维视图。

首先打开一个"多层书架"的模型文件，如图10-25所示；然后执行"建立 2D 图面"命令，命令行提示"选取要建立 2D 图面的物件："，在视图中选取整个书架，确定后，弹出一个"2-D 画面选项"的对话框，在该对话框中首先设置将 2D 图面放置在哪个视图，此处选择了 Top 视图；还需设置投影方式，此处选择"第三角投影"，其他参数默认，如图10-26所示，确定后即在 Top 视图中生成了 2D 图面，如图10-27所示。

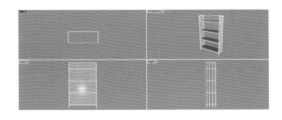

图 10-25　多层书架模型

此时，由于三维模型与 2D 图面部分重叠在一起，影响观看，因此执行"切换图层面板"命令，在打开的对话框中关闭"书架"图层，则书架的三维模型不可见，视图中只留 2D 图面，观察起来会方便很多，如图10-28所示。

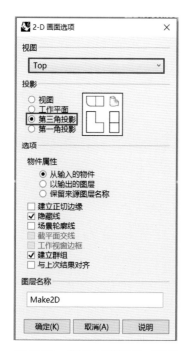

图 10-26　"2-D 画面选项"对话框

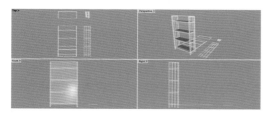

图 10-27　生成 2D 图面

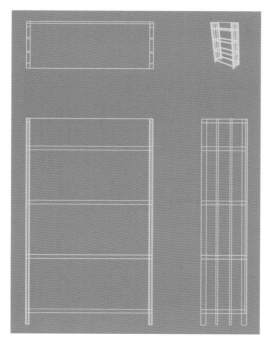

图 10-28　多层书架的 2D 图

可以看出，图 10-28 中视图的分布并不符合中国的制图国家标准，因此将视图进行适当移动和调整，并标注基本的外形尺寸后，结果如图 10-29 所示。

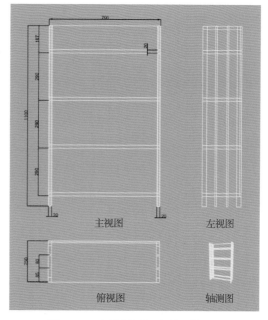

图 10-29　多层书架的三视图和轴测图

创建好的 2D 图面可导出为 .dwg 格式，以便在 AutoCAD 软件中进行更加细致的编辑和处理。方法为：在"文件"主菜单下执行"导出选取的物件"命令，选取图 10-29 中的所有图形，确定后在弹出的"导出"对话框中给文件命名，并设置保存类型为"AutoCAD Drawing（*.dwg）"，单击"保存"即可。

第11章

Rhino 渲染

渲染是产品设计表现最重要的一个环节，通过在软件中为三维模型指定材质、贴图、灯光，以及环境和效果等，让三维模型的视觉效果更加真实美观，以增强设计的表现力和感染力。

Rhino 是一款基于 RURBS 的功能十分强大的三维曲面建模软件，其早期版本基本没有渲染功能，因此用户通常是利用 Rhino 软件进行三维曲面建模，建模完成后导出高精度模型至 3ds max、Cinema 4D、KeyShot 等软件中进行后期渲染。当然，Rhino 软件的开放特性使其一直支持一些渲染插件，目前比较常用的有 VRay for Rhino、Brazil、Flamingo for Rhino 等，这些插件均需安装后才能在 Rhino 中使用。

随着版本的不断升级，Rhino 软件自带的渲染功能也越来越强大，由于是软件自带，因此应用起来更加方便快捷，且渲染效果真实美观。

本章将简要介绍 Rhino 软件的渲染功能。

11.1　渲染命令

Rhino 软件中与渲染有关的命令可通过"渲染"主菜单执行，如图 11-1 所示；也可从"渲染工具"选项卡中执行，如图 11-2 所示。

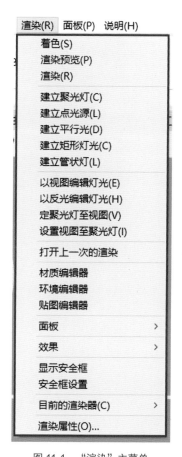

渲染(R) 面板(P) 说明(H)

着色(S)
渲染预览(P)
渲染(R)

建立聚光灯(C)
建立点光源(L)
建立平行光(D)
建立矩形灯光(C)
建立管状灯(L)

以视图编辑灯光(E)
以反光编辑灯光(H)
定聚光灯至视图(V)
设置视图至聚光灯(I)

打开上一次的渲染

材质编辑器
环境编辑器
贴图编辑器

面板　　　　　　　　　>
效果　　　　　　　　　>

显示安全框
安全框设置

目前的渲染器(C)　　　>

渲染属性(O)...

图 11-1　"渲染"主菜单

在"渲染工具"选项卡中,有几十个与渲染有关的工具,软件用分隔符将不同功能的工具进行了划分,大致可分为 8 类,分别为渲染类、灯光类、视图灯光类、渲染设置类、贴图类、赋予特殊属性类、切换各属性面板类和动画类,详见图 11-2。以下仅介绍最为常用的一些工具。

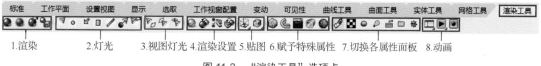

图 11-2　"渲染工具"选项卡

11.2　设置渲染颜色

在建模过程中,模型默认是放置在"预设值"图层上的,因此,模型颜色就是"预设值"图层的颜色,渲染之后为灰色。如果想修改模型的渲染颜色,可通过"渲染工具"选项卡上的"设置渲染颜色"工具来进行。

如图 11-3 所示为第 6 章中创建的头盔模型,其头盔主体部分为红色,现想修改其渲染颜色为蓝色,则可执行如下操作:单击"设置渲染颜色"图标,命令行提示"选取要编辑属性的物体:",在视图中选取头盔主体部分,如图 11-4 所示,回车确定后,弹出图 11-5 所示的"材质颜色"对话框,在对话框中选择列表中的颜色或自行编辑颜色,确定。此时将模型显示方式切换为"渲染模式"后,其颜色即为设置过的颜色,如图 11-6 所示。

图 11-3 头盔模型（着色模式）

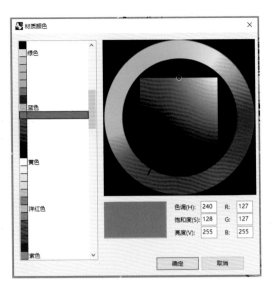

图 11-5 "材质颜色"对话框

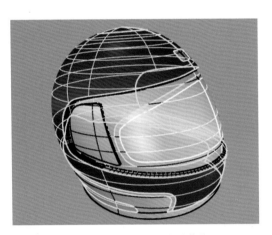

图 11-4 选取要编辑属性的物体

图 11-6 设置过的渲染颜色

11.3 设置材质

11.3.1 材质面板介绍

在命令行输入 Materials 指令；或在"渲染"主菜单下执行"材质编辑器"命令；又或者单击"渲染工具"选项卡中的"切换材质面板"图标，均可打开图 11-7 所示的材质面板。在使用 Rhino 默认渲染器时，可以通过材质面板来设置颜色、透明度、凹凸、贴图等。

图 11-7 材质面板

刚打开的材质面板是空白的，按照面板提示，单击 [+] 按钮增加材质，单击后，弹出一个列表，可从中选取合适的材质类型，先增加一种"宝石"，后增加一种"玻璃"，如图 11-8 所示。

图 11-8 增加材质

增加两种材质后的材质面板如图 11-9 所示，从上往下可大致分为三大部分：工具栏、材质列表和材质参数。

（1）工具栏。

工具栏中有几个与材质相关的工具图标。其含义如下：

←向后：选取上一个选取的材质。

→向前：选取下一个选取的材质。

宝石：显示目前材质的图示与名称。

🔍搜索：搜索材质。

☰菜单：单击后会打开一个快捷菜单，显示材质面板功能表。

❓说明：单击后会打开相关的帮助文件。

（2）材质列表。

材质列表中按照材质增加的次序从上往下列出每一种材质的图示和名称，最后一行的⊞用于继续增加新的材质。

（3）材质参数。

当在材质列表中选择某种材质后，在"材质参数"卷展栏将会显示与该材质相关的参数，以供设置和调整。该卷展栏在不用时可以卷起来，以节省空间。

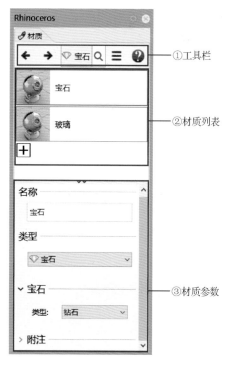

图 11-9 材质面板的构成

11.3.2 材质参数

单击增加材质按钮⊞时，材质列表中有一种"自定义"类型材质，自定义材质包含了材质编辑器中所有通用的设置，因此，以下就以图11-10所示的自定义材质为例，介绍材质面板中的主要参数。

图 11-10 "自定义"材质面板

从图11-10中可看出，"自定义"材质面板上，"材质参数"卷展栏中除名称、类型之外，还有4个二级卷展栏，分别为自定义设置、贴图、高级设置和附注，其中最常用的是自定义设置和贴图。

1. 自定义设置

展开自定义设置卷展栏，如图11-11所示，其下有5个参数：颜色、光泽、反射、透明和折射率。系统预设的材质颜色是白色，

光泽度、反射度、透明度都为0，折射率为1。

图 11-11 自定义设置参数

（1）颜色：用来设置材质的基底颜色，又称为漫反射颜色，用于曲面、多重曲面与网格的渲染颜色。

单击"颜色"后的色块，在打开的"选取颜色"对话框中选择或设置颜色，也可单击"颜色"色块后的下拉箭头，在打开的如图11-12所示的快捷菜单中进行设置。

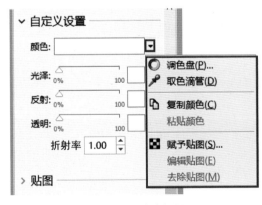

图 11-12 颜色设置

（2）光泽：光泽参数用以调整材质反光的锐利度，从左到右对应0%~100%，可从平光调至亮光。可通过向右移动滑杆提高光泽度。也可单击"光泽"后的色块或下拉箭头，设定光泽的颜色。一般而言，金属材质的光泽颜色与金属颜色相同，塑料材质的光泽颜色为白色。

（3）反射：反射参数用以设定材质的反射度，向右移动滑杆提高反射度，如图11-13所示。也可单击"反射"后的色块或下拉箭头，设定反射的颜色。

反射度0%　　　　反射度10%

图 11-13　反射示例

（4）透明：透明参数用以调整物件在渲染影像里的透明度。向右移动滑杆提高透明度，如图11-14所示。也可单击"透明"后的色块或下拉箭头，设定透明的颜色。

透明度0%　　　　透明度50%

图 11-14　透明示例

（5）折射率：折射率参数用以设定光线通过透明物件时方向转折的量。

以下是一些常见材质的折射率：

材　质	折　射　率
真空	1.0
空气	1.00029
冰块	1.309
水	1.33
玻璃	1.52 ~ 1.8
绿宝石	1.57
红宝石 / 蓝宝石	1.77
钻石	2.417

2. 贴图

在 Rhino 中，材质的颜色、透明、凹凸与环境可以用图片或程序贴图代入，即贴图。贴图卷展栏如图 11-15 所示。

贴图步骤如下：

（1）在材质面板中展开"贴图"卷展栏，在颜色、透明、凹凸与环境这4个选项前勾选要贴图的类型。

（2）单击"按此赋予贴图"或其后按钮，选择一幅图片。

（3）在编辑框中，以百分比调整贴图作为颜色、透明度、凹凸或环境的强度。

图 11-15　贴图卷展栏

Rhino 支持以下格式的贴图文件：

● JPEG-JFIF Compliant（*.jpg，*.jpeg，*.jpe）

● Windows 位图（*.bmp）

● DDS 文件（*.dds）

● HDRI 文件（*.hdr，*.hdri）

● OpenEXR 文件（*.exr）

● 便携式网络图像格式（*.png）

● 标签图像文件格式（*.tif，*.tiff）

● Truevision Targa（*.tga）

其中，前两种格式不支持透明度，其他格式均支持。

（1）颜色贴图。

颜色贴图是以贴图作为材质的颜色。勾选"颜色"下的复选框后，选择一幅贴图图片，然后将材质图例直接拖动到模型上，在渲染模式下即显示出贴图效果，如图 11-16 所示。

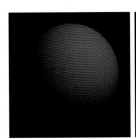

图 11-16　颜色贴图

（2）透明贴图。

透明贴图是以贴图的灰阶深度设定物件的透明度。勾选"透明"下的复选框后，选择一幅贴图图片，然后将材质图例直接拖动到模型上，在渲染模式下即显示出贴图效果，如图 11-17 所示。

（3）凹凸贴图。

凹凸贴图是以贴图的灰阶深度设定物件渲染时的凹凸效果。凹凸贴图只是视觉上的效果，物件的形状不会改变，如图 11-18 所示。

图 11-17　透明贴图

图 11-18　凹凸贴图

（4）环境贴图。

环境贴图设定材质假反射使用的环境贴图，非光线追踪的反射计算。这里使用的贴图必须是全景贴图或金属球反射类型的贴图。其他的图片可以产生反射效果，但是不会产生真实的环境反射效果，如图 11-19 所示。

图 11-19　环境贴图

在贴图过程中，如果对选择的图片不满意，或者需要调整贴图的大小、位置、色彩等参数，在已贴图图片的名称上单击，即可切换到图片调整界面，如图 11-20 所示。在此可修改贴图文件的名称和类型，并可对图片贴图设定、贴图轴、图形、输出调整和附注卷展栏下的参数进行细致的调整。

图 11-20　贴图调整

（1）图片贴图设定。

在此卷展栏中，主要调整贴图文件，以及对是否采用"镜像拼贴"进行设定。如果想更换贴图文件，单击"浏览文件"图标，弹出"打开文件"对话框，重新选择图片文件即可，如图 11-21 所示。

图 11-21　图片贴图设定

（2）贴图轴。

在此卷展栏中，主要对贴图的方式、数量、位置、旋转角度等参数进行设置，如图 11-22 所示。参数调整前后的效果如图 11-23 所示。

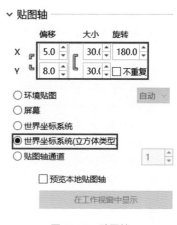

图 11-22　贴图轴

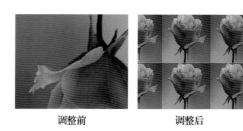

图 11-23　贴图轴调整效果对比

其他三个卷展栏：图形、输出调整和附注中的参数不常用，因此不再赘述。

11.3.3　材质应用

在材质面板中设置好材质后，在材质列表中将材质示例直接拖动到要赋予材质的曲面、多重曲面或网格上；或者单击面板上方的菜单图标 ≡，在打开的快捷菜单中选择材质要赋予的对象。

以下以头盔模型为例介绍材质编辑和赋予的步骤。

（1）增加材质。

单击材质列表中的⊞图标，在打开的列表中选择"塑胶"类型，如图 11-24 所示。

图 11-24　选择材质类型

（2）设置材质。

在材质面板中，对面板下方的材质参数进行设置，从上到下，依次对材质名称、材质类型、颜色、反射率、透明度、清晰度等参数进行修改或设置，结果如图 11-25 所示。

图 11-25　设置材质

（3）赋予材质。

设置好材质后，单击材质面板上方的"菜单"按钮☰，打开一个如图 11-26 所示的快捷菜单，在菜单中选择"赋予给图层"，打开"选择图层"对话框，如图 11-27 所示，在对话框中勾选相应的图层，确定。

图 11-26　赋予材质

图 11-27　"选择图层"对话框

完成将材质赋予图层的操作，渲染模式下模型效果如图 11-28 所示。

图 11-28　材质赋予图层

用同样的方法，分别设置模型需要的其他几个图层的材质，如图 11-29 所示。其中，注意目镜部分的透明度较高一些，其他材质的设置类似。

模型材质设置后的渲染效果如图 11-30 所示。

图 11-30　模型材质效果

图 11-29　材质设置

11.4　设置灯光

灯光在渲染中起着照亮场景、增加层次、烘托气氛等作用，因此也是渲染中的一项重要内容。

11.4.1　灯光命令

在 Rhino 软件中，灯光命令可通过"渲染"主菜单执行，如图 11-31 所示；也可在"渲染工具"选项卡中单击"切换灯光面板"图标，在随之打开的对话框中执行，如图 11-32 所示。

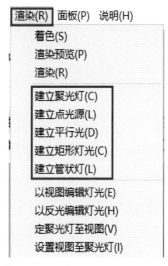

图 11-31　"渲染"主菜单

图 11-32　"渲染工具"选项卡

同时鼠标上已附着一个点光源图标，移动鼠标到合适的位置，单击后即创建了一个点光源，如图 11-35 所示。

图 11-34　创建点光源

11.4.2　灯光类型

Rhino 软件共提供了 5 种类型的灯光，分别为点光源、聚光灯、平行光、管状灯光和矩形灯光，如图 11-33 所示。

图 11-33　灯光类型

由图 11-32 可知，系统默认的灯光是天光，如果想在场景中增设其他类型的灯光，需要通过新增命令来建立新的灯光。

1. 点光源

点光源创建的灯光如同一个点，它类似于日常生活中一盏没有灯罩的电灯泡，其发出的光照向四面八方。

在"渲染工具"选项卡中单击"切换灯光面板"图标，打开切换对话框的"灯光"选项卡，单击下方的➕图标，弹出灯光选择列表，在列表中单击"点光源"，如图 11-34 所示；这时命令行会提示"点光源位置："，

图 11-35　点光源位置

创建好的点光源是一个对象，同其他模型对象一样，可以调整其位置和参数。选择点光源后直接拖动鼠标即可移动其位置；如果要修改点光源参数，可在图 11-36 所示对话框中新建的点光源列表空白处双击，打开图 11-37 所示的"属性"对话框，在此对话框中可对点光源的颜色、强度和阴影厚度参数进行修改，还可通过勾选决定点光源是否启用。

图 11-36　选择点光源

图 11-37　修改点光源参数

图 11-38 显示了应用点光源前后的模型效果对比。

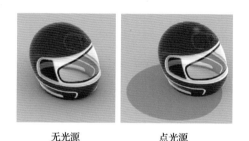

无光源　　　　　点光源

图 11-38　应用点光源前后对比

2. 聚光灯

聚光灯形状类似于一个圆锥体，其底面圆形成一个聚光区，它通常用于重点照明。

聚光灯的创建与点光源类似，只是在图 11-34 所示的灯光选择列表中单击"聚光灯"，这时命令行会提示"圆锥体底面:"，此时可在顶视图中创建圆锥体底面，以便观察底面是否将模型罩在其中，确定后命令行接着提示"圆锥体顶点:"，此时可在前视图或右视图中拖动鼠标决定顶点位置，确定后完成聚光灯的创建，如图 11-39 所示。

创建好的聚光灯同样可以修改其位置和聚光区大小，以及参数。选择聚光灯对象，如图 11-40 所示，聚光灯上会出现 5 个小点，

通过拖动这些小点，即可调整聚光灯的聚光区大小、聚光灯位置等参数。

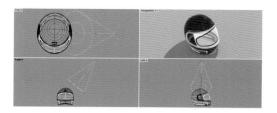

图 11-39　创建聚光灯

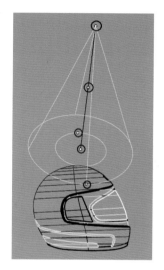

图 11-40　聚光灯图标

如果要修改聚光灯的光学参数，同样可在类似于图 11-36 所示对话框中新建的聚光灯列表空白处双击，打开图 11-41 所示的"属性"对话框，在此对话框中可对聚光灯光源的颜色、强度、阴影厚度和聚光灯锐利度参数进行修改，还可通过勾选决定点光源是否启用。

图 11-41　聚光灯参数

图 11-42 显示了应用点光源前后的模型效果对比。

灯光中应用较多的就是以上所介绍的点光源和聚光灯，其他 3 种如平行光（DirectionalLight）、管状灯光（LinearLight）和矩形灯光（RectangularLight）应用不多，其创建和编辑过程与上述灯光类似，在此不再赘述。

无光源　　　　　　　聚光灯

图 11-42　应用聚光灯前后对比

11.5　设置环境

Rhino 软件中的环境命令主要用来设置渲染时的背景颜色、图像与投影。环境命令可通过以下 3 种方式执行：一是在命令行输入 Environments 命令；二是在"渲染"主菜单下单击"环境编辑器"；三是在"渲染工具"选项卡中单击"切换环境面板"图标●。3 种方式均可打开一个对话框，如图 11-43 所示，在该对话框中可对环境的相关参数进行设置。

环境编辑器上方一行按钮的功能与材质编辑器中的一致，可参见 11.3.1 中的介绍。

环境编辑器中默认的环境是"基本环境"类型中的"摄影棚"，根据对话框中的提示，单击Ｈ按钮可增加新的环境。

基本环境是一个简单的背景颜色，也可以设置为贴图，贴图可以设置为平面、球形（等距圆柱投影或经纬度投影）或立方等投影形式。

在环境编辑器面板中，从上到下可依次对环境名称、环境类型、背景颜色、背景图片、投影方式分别进行设置。

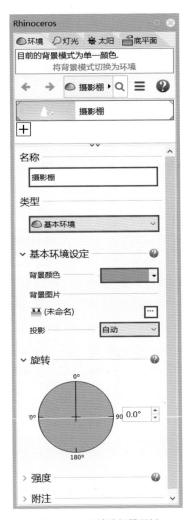

图 11-43　环境编辑器面板

11.5.1　名称

单击"名称"正文的文本框，可以直接修改当前环境的名称。

11.5.2　类型

单击"类型"下方文本框右侧的小箭头，将打开一个如图 11-44 所示的下拉列表，在该列表中除了"基本环境"，还有"更多类型"，单击"更多类型"，将会打开一个对话框，在对话框中单击"从文件导入"，会弹出"打开"对话框，其中列出了系统可导入的各种环境类型，如图 11-45 所示，从中可选择一种进行导入。

图 11-44　环境类型

图 11-45　可导入的环境类型

11.5.3　背景颜色

在"背景颜色"后的颜色框中双击，或

者单击右侧的小箭头，即可修改背景颜色。

11.5.4　背景图片

可选取一张图片作为环境背景。单击背景图片下方的[...]按钮，即可弹出"打开"对话框，从中可选择事先准备好的背景图片文件，放置背景图片后的渲染效果如图 11-46 所示。

图 11-46　背景图片

11.5.5　投影

"投影"选项用来设置背景图的投影方式。单击投影文本框右侧的小箭头，即可打开投影方式列表，如图 11-47 所示，共有 10 种方式，从中可选择适当的投影方式，常用的投影方式为"平面"类型，该类型不论视图方向为何，渲染时都用选取的图片填满背景，图 11-46 中的背景投影方式即为"平面"类型。

图 11-47　投影方式

11.5.6　旋转

"旋转"选项用以设置环境的旋转，设置旋转有助于将贴图放置到正确位置，以获得正确的光线反射与光照效果。

11.5.7　强度

"强度"选项用以设置环境的强度。

11.6　渲染

在设置好模型的材质、贴图、灯光以及环境等因素后，即可对模型进行渲染操作。

Rhino 软件中与渲染有关的命令在"渲染工具"选项卡上，如图 11-48 所示，从左至右依次为"渲染""预览渲染""切换渲染设置"和"将渲染视窗另存为…"。

图 11-48　渲染工具

11.6.1　渲染设置

单击"切换渲染设置"图标后，打开"渲染设置"对话框，在该对话框中，共有 8 大选项以供设置，从上往下依次为目前的渲染器、视图、解析度与品质、背景、照明、线框、抖动与颜色调整，以及高级 Rhino 渲染设置，如图 11-49 所示。

每个大项下均有一些参数以供设置，常用的参数如下。

图 11-49　"渲染设置"对话框

1. 目前的渲染器

"目前的渲染器"选项展开后有一个下拉列表，其中列出了软件中安装的所有渲染器以供选择，如果没有安装其他的渲染器，则系统默认的就是软件自带的 Rhino Render。

2. 视图

"视图"选项展开后有一个下拉列表，其中列出了需要渲染的视图，如图 11-50 所示，默认为当前工作视窗，也可在列表中选择其他视图。

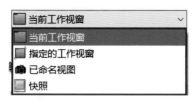

图 11-50　视图

3.解析度与品质

"解析度与品质"选项下的参数主要用来设置渲染图片的尺寸大小，软件提供了多种尺寸以供选择；分辨率（DPI）；以及渲染质量，从低品质到高品质共 4 个等级，默认为草图品质，如图 11-51 所示。可根据渲染需要进行以上参数的设置。

图 11-51　解析度与品质

4.背景

"背景"选项提供了 4 种渲染背景，分别为实体颜色、渐变、360°环境和底色图案。此外，还有 3 个复选项：透明背景、底平面和反射使用自定义环境。可根据需要进行设置。

系统默认选项如图 11-52 所示。

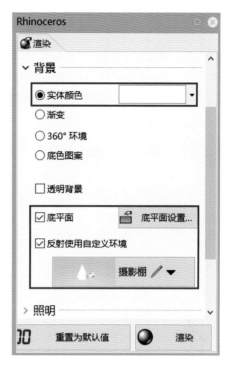

图 11-52　背景

5.照明

"照明"选项中可对太阳、天光等照明进行设置，如图 11-53 所示。

图 11-53　照明

6. 线框

"线框"选项中可对是否渲染曲线等进行设置，如图 11-54 所示。

图 11-54　线框

7. 抖动与颜色调整

"抖动与颜色调整"选项中可对抖动及中间色进行设置，如图 11-55 所示。

图 11-55　抖动与颜色调整

8. 高级 Rhino 渲染设置

"高级 Rhino 渲染设置"选项中可对图 11-56 所示的渲染加速方格、不在自身投影、物件与网格面边框方块阶层、折射及反射渐层进行设置。

图 11-56　高级 Rhino 渲染设置

11.6.2　预览渲染

预览渲染指的是在一个渲染窗口中以较为粗糙的图片质量和较快的预览速度渲染一个选定的区域。它通常用来对模型进行粗略渲染，以观察渲染效果，如果效果满意，再进行正式渲染，从而可节省渲染时间。

11.6.3　开始渲染

渲染指的是使用目前的渲染器，在一个独立的显示窗口中渲染模型，以产生一幅彩色的图像。

在"渲染设置"对话框中设置好各种渲染参数后，即可开始进行渲染。

系统自带的 Rhino Render，渲染质量为高品质，图像大小为 640×480 像素，其他参数默认，渲染出的头盔图像如图 11-57 所示。

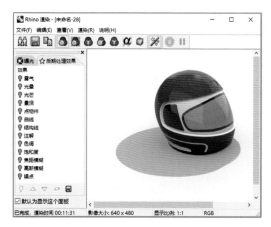

图 11-57　渲染

在渲染窗口中，还有"爆光"和"后期处理效果"选项卡，可对图片进行进一步的修饰和处理。

渲染完成后，可单击渲染窗口工具栏的"将影像另存为"图标，在打开的"另存为"对话框中设置要保存图像的格式、路径和文件名，单击保存即可。

11.6.4　将渲染视窗另存为…

"将渲染视窗另存为…"命令用于在渲染窗口中将渲染出的图像保存到一个文件中。

执行命令后，将打开"保存图片"对话框中，在其中指定图片保存的路径、文件名和保存类型，单击保存即可。

参 考 文 献

1. 甘玉梅，杨梅. 中文版 Rhino 5.0 产品设计微课版教程 [M]. 人民邮电出版社，2016.8.

2. 蔡可忠，等 . Rhino 5.0 从入门到精通（铂金精粹版）[M]. 中国青年出版社，2014.3.

3. 徐平，章勇，苏浪 . 中文版 Rhino 5.0 完全自学教程 [M]. 人民邮电出版社，2013.6.

4. 叶德辉 . Rhino 4.0 完全学习手册 [M]. 科学出版社，2008.3.

5. 温杰 . Rhino 3D & Cinema 4D 工业产品设计全攻略 [M]. 机械工业出版社，2007.1.

6. IKEA 宜家家居官方旗舰店 .

https：//detail.tmall.com/item.htm?spm=a230r.1.14.6.57ab363dc4qH47&id= 610999076686&cm_id=140105335569ed55e27b&abbucket=6&sku_properties=29112：97926